"十二五"国家科技支撑计划课题(2012BAB02B05)
黄河水利科学研究院结余资金项目(hky – jyxm – 2017 – 04)

不同时期黄河干支流泥沙冲淤分布研究

田勇　孙一　马静　顾志刚　著

U0235242

黄河水利出版社
·郑州·

内 容 提 要

本书采用调查研究、资料分析、理论推导、专家咨询、数学模型计算等多种手段,全面查清黄河干支流水库分布及库容特征指标情况,基本查明黄河干支流水库不同时期拦沙情况,系统分析了不同时期黄河干流泥沙分布特点;依据黄河干流不同时期泥沙分布特点及存在的问题,提出了减轻黄河干流泥沙淤积灾害的建议;系统提出了流域泥沙配置理论;研究了黄河干流泥沙配置的目标函数和约束条件,建立了数学模型;探讨了典型水沙条件下黄河干流泥沙空间优化配置方案。

本书可供从事相关领域研究、规划、管理、设计和治理的专业技术人员、教师和学生阅读参考。

图书在版编目(CIP)数据

不同时期黄河干支流泥沙冲淤分布研究/田勇等著. —郑州:黄河水利出版社,2017.12
ISBN 978 – 7 – 5509 – 1884 – 9

Ⅰ. ①不… Ⅱ. ①田… Ⅲ. ①黄河 – 泥沙冲淤 – 分布 – 研究 Ⅳ. ①TV152

中国版本图书馆 CIP 数据核字(2017)第 273503 号

出 版 社:黄河水利出版社
　　　　　地址:河南省郑州市顺河路黄委会综合楼 14 层　　　　邮政编码:450003
发行单位:黄河水利出版社
　　　　　发行部电话:0371 – 66026940、66020550、66028024、66022620(传真)
　　　　　E-mail:hhslcbs@126.com
承印单位:河南新华印刷集团有限公司
开本:787 mm × 1 092 mm　1/16
印张:11
字数:254 千字　　　　　　　　　　　　　　　　印数:1—1 000
版次:2018 年 12 月第 1 版　　　　　　　　　　印次:2018 年 12 月第 1 次印刷
定价:39.00 元

前　言

　　黄河是中华民族的摇篮,流域内居住着全国 8% 的人口,拥有全国 13% 的耕地,同时黄河下游还承担了海河流域和淮河流域的 3 000 万亩(1 亩 = 1/15 hm²)耕地的灌溉任务,流域在国民经济发展布局中战略地位十分重要。黄河多年平均天然径流量 580 亿 m³,仅占全国河川径流总量的 2%;多年平均输沙量约 16 亿 t,平均含沙量 35 kg/m³,在世界大江大河中名列第一。黄河"水沙沙多、水沙关系不协调"的基本特点,决定了黄河治理开发是一项长期艰巨的任务,其核心难点是泥沙灾害的防治问题。

　　由于水沙条件与人类活动的变化影响,黄河各时期泥沙灾害表现出不同的特点。1950 年 7 月 ~ 1960 年 6 月进入干流年均水量为 563 亿 m³,沙量为 20.07 亿 t,泥沙淤积导致的主要问题是上游宁蒙河段和下游泥沙淤积绝对量较大,加上干流没有大型水库对洪水进行调节,黄河下游洪水灾害十分严重。1960 年 7 月 ~ 1965 年 6 月进入干流年均水量为 710 亿 m³,沙量为 16.93 亿 t,泥沙淤积导致的主要问题是三门峡水库拦沙量过大,潼关高程快速大幅抬升,引起社会矛盾突出。1973 年 7 月 ~ 1986 年 6 月进入干流年均水量为 556 亿 m³,沙量为 12.77 亿 t,该时期各重点河段以及三门峡水库泥沙淤积量均较小,泥沙灾害并不严重。可见,系统分析 20 世纪 50 年代以来不同历史时期的泥沙分布特点,总结不同时期黄河泥沙分布的利与弊,提出有利于减轻黄河泥沙淤积灾害的建议,是一项具有重要意义的研究课题。特别是在小浪底水库修建后,针对不同典型水沙条件,黄河干流泥沙如何优化配置能够最大限度地减轻泥沙淤积灾害? 在近期(1999 年 7 月 ~ 2013 年 6 月)黄河年均来沙量只有 3.2 亿 t 的条件下,黄河干流泥沙优化配置后的宏观格局如何? 若规划的古贤水库投入运用,在不同水沙条件下,如何统筹古贤水库拦沙与小浪底水库拦沙的关系? 如何统筹古贤水库淤积与小北干流河段的冲淤量关系?

　　本书首先解决了 1950 年以来黄河干支流各水文站水沙量、河段引水引沙、河道挖沙、水库拦沙以及河道冲淤等海量数据的收集和分析工作。在实测资料基础上,通过上游宁蒙河段河道冲淤量、主槽平滩流量,中游龙潼河段河道冲淤量、潼关高程、三门峡水库拦沙量、小浪底水库拦沙量,下游主槽冲淤量、滩地冲淤量、主槽平滩流量、"二级悬河"状况以及出口断面沙量等参数的变化,综合分析了不同时期黄河干流泥沙分布引起的问题,提出了有利于减轻黄河干流泥沙淤积灾害的建议。系统提出了流域泥沙配置理论,研究了黄河干流泥沙配置的目标函数和约束条件,建立了黄河干流泥沙优化配置数学模型,探讨了现状工程体系及古贤水库投入运用后两种工况不同水沙条件下黄河干流泥沙空间优化配置方案。

　　本书成果是作者对近 10 年参与多项研究工作的总结和凝练,主要包括"十一五"国家科技支撑计划课题"黄河泥沙空间优化配置技术与模式研究"(2006BAB06B03)、"十二五"国家科技支撑计划课题(2012BAB02B05)、黄河水利科学研究院结余资金项目(hky - jyxm - 2017 - 04)、国家重点研发计划课题"坡面措施对流域水沙变化影响及其贡献率"

（2016YFC0402403）等。在研究过程中,得到了项目组同志的大力支持和帮助,在此表示感谢。

全书共分为 8 章。第 1 章由田勇编写,第 2 章由田勇、马静、孙一编写,第 3 章由田勇、孙一、马静编写,第 4 章由田勇、顾志刚编写,第 5 章由田勇、孙一编写,第 6 章由田勇、孙一编写,第 7 章由田勇、马静、顾志刚编写,第 8 章由田勇编写。全书由田勇统稿。

由于作者水平有限,书中难免有错漏之处,敬请读者批评指正。

作 者
2017 年 11 月

目 录

前 言

第1章 绪 论 ……………………………………………………… （1）

　1.1 研究的目的和意义 …………………………………………… （1）

　1.2 研究现状 ……………………………………………………… （2）

　参考文献 ………………………………………………………… （5）

第2章 干支流水库建设与拦沙 …………………………………… （9）

　2.1 水库建设基本情况 …………………………………………… （9）

　2.2 水库拦沙分析 ………………………………………………… （25）

　2.3 黄河来沙特点与水库分布关系 …………………………… （44）

　2.4 河潼区间干支流水库近期拦沙综合分析 ………………… （48）

　2.5 小 结 ………………………………………………………… （49）

　参考文献 ………………………………………………………… （50）

第3章 干支流河道泥沙冲淤及分布 ……………………………… （51）

　3.1 黄河河道泥沙冲淤计算资料选取 ………………………… （51）

　3.2 不同历史时期黄河干流泥沙分布特点 …………………… （52）

　3.3 典型支流河道泥沙冲淤及分布 …………………………… （67）

　3.4 不同时期泥沙分布状况综合分析 ………………………… （85）

　3.5 小 结 ………………………………………………………… （88）

　参考文献 ………………………………………………………… （89）

第4章 流域泥沙优化配置理论 …………………………………… （90）

　4.1 流域泥沙配置的主要研究内容 …………………………… （90）

　4.2 流域泥沙配置的目标和原则 ……………………………… （90）

　4.3 流域泥沙配置机制 ………………………………………… （92）

　4.4 流域泥沙配置主要平衡关系 ……………………………… （93）

　4.5 流域泥沙配置决策方法 …………………………………… （95）

　4.6 小 结 ………………………………………………………… （98）

　参考文献 ………………………………………………………… （99）

第5章 黄河干流泥沙优化配置模型 ……………………………… （100）

　5.1 方程的一般形式 …………………………………………… （100）

　5.2 层次分析法的基本步骤 …………………………………… （101）

　5.3 层次分析法构造黄河干流泥沙优化配置综合目标函数 … （105）

　5.4 黄河干流泥沙优化配置约束条件研究 …………………… （116）

　5.5 黄河干流泥沙空间优化配置数学模型求解 ……………… （122）

5.6 小　结 …………………………………………………………………（126）

　　参考文献 …………………………………………………………………（126）

第6章　黄河干流泥沙空间优化配置研究 …………………………………（128）

6.1 输出利津以下沙量减小 ………………………………………………（128）

6.2 各河段淤积严重 ………………………………………………………（128）

6.3 黄河下游滩槽淤积分布不合理、"二级悬河"严重 ……………………（131）

6.4 水库调节对黄河干流泥沙配置的利与弊 ……………………………（134）

6.5 治沙用沙须放在流域社会经济发展的大环境下进行 ………………（144）

6.6 引水引沙对干流泥沙配置的影响 ……………………………………（148）

6.7 泥沙配置需因地制宜 …………………………………………………（149）

　　参考文献 …………………………………………………………………（156）

第7章　典型水沙条件黄河干流泥沙空间优化配置方案探讨 ……………（157）

7.1 配置河段划分 …………………………………………………………（157）

7.2 配置水沙条件 …………………………………………………………（158）

7.3 配置方案 ………………………………………………………………（158）

7.4 小　结 …………………………………………………………………（162）

　　参考文献 …………………………………………………………………（163）

第8章　主要成果 ……………………………………………………………（164）

第1章 绪 论

1.1 研究的目的和意义

泥沙进入黄河干支流河道后,主要去向有引水引沙、河道挖沙、水库拦沙、河道冲淤、输送出河段等。利用实测和调查资料系统分析不同时期黄河干支流泥沙冲淤分布特点和引起的问题,提出有利于减轻黄河泥沙淤积灾害的建议,是黄河开发治理的一项重要基础研究工作。

众所周知,黄河以含沙量高、输沙量大闻名于世。一方面,黄河用她丰富的泥沙资源塑造了约 20 万 km² 的华北大平原,为黄河流域的人民居住和耕种提供了优越的条件;另一方面,黄河流域水少、沙多、水沙搭配不协调的特性造成了黄河干支流河道淤积严重,河槽过水面积减小及过水能力降低,致使"小洪水高水位大漫滩"的水沙灾害频繁发生,黄河水沙不协调的矛盾一直是黄河治理的重点和难点。可见,黄河水沙既是流域人民的财富,也是威胁人民安全的重大隐患。

近十几年来,随着黄河治理工作的全面展开,治黄工作者和沿黄劳动人民创造了引洪淤灌、淤临淤背、填海造陆与造地、塑造湿地、建筑材料转化等黄河泥沙利用的方法,为处理和配置黄河泥沙提供了有效的途径。同时,黄河中上游干支流河道上修建的大量水利工程以及自 2002 年开始连续多年调水调沙的成功试验和实践、黄河小北干流连伯滩放淤试验、黄河下游挖河固堤等都充分说明黄河泥沙多途径处理和配置是现实可行的。

但是,由于黄河水沙搭配的特殊性质,在泥沙配置过程中,总是涉及利与弊的权衡难题。例如,水库是当前防洪体系中非常重要的组成部分,在防洪要求越来越高的现状条件下,利用水库滞洪错峰已成为黄河防洪调度的关键手段,可见维持水库库容是很重要的;问题的另一方面是黄河下游河道持续的严重淤积要求上游河段的水库必须拦蓄一定量的泥沙,以达到减小下游淤积甚至冲刷下游河道的目的。又如,黄河口的不断淤积延伸,造就了宝贵的土地资源,加上黄河口地区胜利油田不断的发展和变海上采油为陆上采油的需求,泥沙大量沉积在河口是有利的;但是,根据河床演变的基本规律,由于黄河口的淤积延伸,黄河下游河道长度增加,减小了河道的纵向比降,减小了水流输沙能力和过流能力,对黄河下游减淤和防洪都是不利的。再如,滩区放淤既可以改良土地,又可以大量减少进入河道的泥沙,减轻水流输沙压力,减少下游河道的淤积;沉沙池渠外和堤背堆积泥沙可能成为当地新的风沙源。

当前,由于人类活动及气候变化等因素的共同影响,黄河的水沙情况发生了很大变化,水资源短缺矛盾日益突出,泥沙灾害的威胁日趋严重,黄河下游水沙搭配的不协调关系短时间内难以改善。解决这一难题的思路之一就是研究完善黄河泥沙配置方法和理论,寻求黄河流域泥沙优化配置方案。鉴于黄河泥沙问题的复杂性,必须采取多种措施综合理处理黄河泥沙。但各种措施的作用以及其对社会、环境和经济的影响是不同的,且随着时间的推移不断变化。更重要的是黄河水资源严重短缺,在进行泥沙处理的过程中许多措施都会消耗水资源。因此,将流域水沙资源统筹考虑、多种途径优化配置,寻求在特定水沙条件下,兼顾黄河流域经济、社会和生态环境的优化配置方案,是实现科学治黄的客观需要。针对黄河流域水沙的配置现状,结合现有的国内外研究成果,开展基于"维持黄河健康生命"为目标的黄河泥沙优化配置研究,对于科学合理地配置和利用黄河泥沙,妥善处理泥沙淤积问题,缓解黄河水资源短缺、泥沙淤积分布不合理的严峻局面有一定的现实意义,而且可以为建设黄河流域水沙调控管理系统提供技术支撑。

1.2 研究现状

基于干支流不同时期泥沙分布特点及存在问题,提出减轻黄河泥沙淤积灾害建议,属于泥沙管理研究方面的问题。简单来说,就是对流域一定时期内的泥沙进行再安排和分配,我们将其定义为泥沙配置研究。配置方案的确定需要决策者合理对待流域总体利益与局部利益、短期利益与长期利益的关系。具体到某一特定流域,其配置方案的论证及确定应建立在流域泥沙配置历史基础上,通过总结历史和现状条件下泥沙配置经验和教训,吸收先进的流域水利管理观念和理论,结合流域配置工程条件,并遵循水沙运动规律。

1.2.1 河流泥沙运动基本规律综述

流域泥沙配置是建立在对泥沙基本运动规律清楚认识的基础上的。水流动力是泥沙配置的主要动力,在配置过程中,只有通过正确计算不同水流条件下的输沙特性,才能实现利用水流动力减小泥沙灾害的配置目标。水流输沙计算是泥沙运动研究中的一个最基本的问题。关于泥沙输送能力的研究,自法国的 Du Boys 提出第一个推移质输沙率公式以来,已有 100 多年的历史。到目前为止,泥沙运动研究者探讨水流输沙能力主要从动力学、运动学以及能量守恒三个方面入手,研究的最终目的是建立水流强度与输沙量之间的关系。

1.2.1.1 泥沙动力学分析

泥沙动力学分析方法是以泥沙运动过程中受到的拖曳力或上举力或拖曳力和上举力的合力作为表征泥沙运动的研究方法。自法国 Du Boys 第一次提出推移质泥沙运动的拖曳力理论以后,Einstein(1942)、Kaliriske(1947)、Brown(1950)等的研究成果,尽管研究途径不同,有的通过力学分析,有的通过量纲分析,有的通过理论分析(考虑水流泥沙运动随机性)等,但这些推移质理论都采用水流切应力作为水流强度指标来研究推移质运动。还有学者将切应力这一水流强度指标用来研究悬移质运动及全沙运动,如 Samaga(1986)、Graf 和 Acaroglu(1969)等。

1.2.1.2 泥沙运动学分析

泥沙运动学分析方法主要以水流流速作为决定泥沙运动的水流强度指标。窦国仁(1963)、沙玉清(1965)、范家骅(1955)等利用平均流速来确定推移质输沙率。在全沙输沙方面则首推美国的 Colby(1963),他认为全沙输沙率仅是平均流速、水深与泥沙粒径的函数。

1.2.1.3　水流输沙能量守恒分析

水流输沙能量守恒分析方法从能量平衡的角度来研究泥沙运动,早在 20 世纪 30 年代,美国的 Rubey(1933)、Cook(1935)、Knapp(1938)等就提出挟沙水流能量平衡的一些概念。1959 年,张瑞瑾在对维利卡诺夫的能量平衡方程进行修正的基础上提出了在国内很有影响力的武水挟沙力公式。窦国仁(1977)、李昌华(1980)等也根据挟沙水流能量平衡方程,提出了推移质及悬移质输沙公式。此外,Engelund(1967)及 Ackers、White(1973)的输沙理论,虽不是直接建立在能量概念基础上的,但也用到了 Bagnold 的水流功率的概念。水流输沙能量守恒分析方法的最大特点是水流强度指标中同时含有流速项和能坡项,因而作为推广,凡输沙公式中同时含流速项和能坡项的,可以认为都是能量守恒分析研究的方法。最近,利用能量学派研究水流挟沙力的研究成果在我国还不断出现,并试图推广运用于高含沙水流中,如张红武(1992)、舒安平(1994)、刘峰(1995)、刘兴年等(2002)、周宜林(1995)等。李小平等在吸收前人研究成果的基础上,结合黄河水沙冲淤特性,把一场洪水的冲淤幅度在 10% 以内看作是微冲微淤或接近冲淤平衡状态,据此统计了黄河下游淤积比在 −10% ~10% 的发生在汛期的 24 场洪水的特征值,建立了黄河下游河道的输沙量与耗水量的关系。

1.2.2　黄河下游水沙运动与河床演变综述

1.2.2.1　粗泥沙对下游河道的影响

钱宁将黄河流域泥沙的来源分为三个区域:①多沙粗沙来源区:河口镇至龙门区间、马莲河和北洛河。②多沙细沙来源区:除马莲河外的泾河干支流、渭河上游、汾河。③少沙区:河口镇以上、渭河南山支流、洛河、沁河。黄河中游是黄河泥沙的主要来源区,也是粗泥沙的集中来源区。黄河中游的新黄土从西北向东南,其中值粒径从大于 0.045 mm 逐步减小到小于 0.015 mm。黄河下游河道的淤积主要是由来自多沙粗沙来源区的洪水引起的,而其他来源区的洪水或对下游河道的淤积不多,或有所冲刷。

1.2.2.2　洪水输沙特性

黄河下游的主要特征是强烈游荡、严重淤积,这也是黄河一切灾难的主要原因。前者是横断面太宽浅以及比降偏陡而直接引起的问题,后者则是河道输沙能力的形成问题,是由纵、横断面的配合决定的。针对关于黄河下游河道的输沙规律,赵业安等、韩其为、赵华侠等做了大量的分析研究工作。洪水期黄河下游河道的输沙能力,因黄河下游泥沙来源分布的不均匀性和黄河洪水的陡涨陡落特点,与一般河流有所不同。同样的来水条件可产生不同的来沙条件,来自粗泥沙来源区的洪水,下游沿程床沙质含沙量都高,而来自少沙区的洪水,沿程床沙质含沙量都低。在同一水流强度、床沙组成下,水流的粗颗粒床沙质挟沙力因细颗粒浓度的变化而呈多值函数。含沙水流流量与含沙量关系复杂,两者呈现多值对应,对于黄河下游的流量—含沙量关系,前人已经做了许多研究。输沙功能与来水量和来沙量有密切关系。若来水减少,来沙增多,则河道输沙功能减弱。来沙中大于 0.05 mm 粗泥沙含量百分比与河道输沙功能指标成负相关。来沙系数,特别是粗泥沙的来沙系数是决定黄河下游输沙功能的重要因子,来沙系数越大,则河道输沙功能指标越低。场次洪水的输沙功能指标随场次洪水最大含沙量的增大而降低,历年河道输沙功能指标随各年中高含沙水流频率的增高而降低。

1.2.2.3　河床调整规律

就河床演变的科学性质来说,它是研究河流的边界在水流作用下的变化,由此可见边界条件在河床演变中的重要性。黄河下游是强烈的堆积性河段,纵横剖面的调整规律及其与来水来沙关系,是黄河下游河道演变研究中的一个重要课题。黄河下游河道冲淤演变规律极为复杂,其受上游来水来沙条件及河道边界条件的影响非常大。张欧阳等以洪水作为联系流域系统各子系统耦合关系的指标,揭示了不同来源区洪水对黄河下游游荡河段洪水前后河床横断面形态变化的不同影响及其原因。上少沙来源区洪水使河床形态变宽浅为主,主要由主槽淤积所造成;下少沙来源区洪水使河床宽深比以变窄深为主,主要由主槽冲刷所造成;多沙粗沙来源区洪水造成河床宽深比减小,主要由高含沙洪水淤滩刷槽所造成;多沙细沙来源区的洪水后宽深比变化不大,仅略减小,也存在淤滩刷槽的过程。由于黄河下游的冲淤主要发生在洪水期,因此洪水期水沙的造床作用较大,对造床流量有着很大的影响。分析造床流量的方法很多,大致可以分为平滩流量法、输沙率法、输沙量法及输水量法、河床变形强度法等。针对黄河等多沙河流,张红武等提出了输沙能力法,吉祖稳等提出了水沙综合频率法。20 世纪 90 年代以来,黄河下游发生洪水的场次和量级都较小,造床流量也较小,下游河道的淤积比加大,且淤积主要发生在主槽,易出现"小水大灾"的情况。增大造床流量并相应减少小流量输沙,是解决黄河下游"小水大灾"、水资源短缺的出发点。Wolman 和 Miller 在 1960 年首次提出了"地貌功"的概念,并给出了河流有效流量级分析的计算方法。文献认为,只有当黄河下游输沙的流量等于其较大的有效输沙流量时,即日均流量为 3 000 ~ 4 000 m^3/s ,才能有效改变黄河下游河道萎缩的局面。

1.2.3　流域泥沙处理与配置研究综述

国外关于泥沙处理与利用方面的典型事例大都局限于小范围的应用,如巴西的挖泥造地,美国圣地亚哥河口恢复治理,美国密西西比河的浑水灌溉以及埃及尼罗河上的引洪改沙等。在黄河治理开发过程中,治黄工作者始终把泥沙处理放在突出位置,经过长期的探索,人们认识到解决黄河泥沙问题的艰巨性、复杂性与长期性,必须采取多种措施来综合处理和利用黄河泥沙。1978 年,钱宁、张仁、赵业安等提出了通过水库调水调沙改造黄河下游河道,即利用上游水库拦沙库容合理拦沙,拦粗排细,减少下游淤积,运用调水调沙技术人工塑造洪峰,提高河道输沙能力,创造洪水漫滩机会,改善泥沙淤积部位;"八五"期间,国家重点科技攻关项目"黄河治理与水资源开发利用"系统地分析了黄河的泥沙及其利用问题,创造性地提出了综合开发治理黄河下游的新举措:从黄河引水或扬水在沿黄大堤的临背两侧沉沙,加固堤防,使黄河下游河道成为相对地下河,清水或带有细泥沙的浑水进入引黄渠道,为河南、山东两省的工业、农业、城市居民用水提供水源。

2006 年,胡春宏、陈绪坚等在分析流域水沙资源利用现状、水沙灾害性及水沙优化配置必要性的基础上,构建了由河床演变均衡稳定理论和水沙资源联合多目标优化配置理论组成的流域水沙资源联合多目标优化配置理论框架,建立了包括流域水沙资源优化配置数学模型。应用模型计算分析了黄河下游主河槽的均衡稳定断面尺寸和输水输沙优化的临界指标,提出了强化非恒定流调水调沙、调控含沙量 60～100 kg/m³ 的不利水沙条件等改善小浪底水库调度运用的措施,并进一步提出了黄河下游水沙资源多目标优化配置的模式,分析了不同水沙条件的水沙资源优化配置方案。

参 考 文 献

[1] 水利部黄河水利委员会. 人民治理黄河六十年[M]. 郑州:黄河水利出版社,2006.

[2] 赵文林,张红武,潘贤娣,等. 黄河泥沙[M]. 郑州:黄河水利出版社,1996.

[3] 王延贵,胡春宏. 引黄灌区水沙综合利用及渠首治理[J]. 泥沙研究,2000(2):39-43.

[4] 蒋如琴,彭润泽,黄永健,等. 引黄渠系泥沙利用[M]. 郑州:黄河水利出版社,1998.

[5] 景可,李风新. 泥沙灾害类型及成因机制分析[J]. 泥沙研究,1999(1):12-17.

[6] 李国英. 黄河首次调水调沙[J]. 科学:上海,2003,55(1):41-44.

[7] 李国英. 基于空间尺度的黄河调水调沙[J]. 中国水利,2004,26(3):1-4.

[8] 李国英. 黄河中下游水沙的时空调度理论与实践[J]. 水利学报,2004,35(8):1-7.

[9] 刘晓燕,张建中,常晓辉. 维持黄河健康生命的关键途径分析[J]. 人民黄河,2005,27(9):6-7.

[10] 武彩萍,林秀芝,陈俊杰,等. 黄河小北干流连伯滩放淤试验工程淤区实体模型试验研究报告[R]. 郑州:黄河水利科学研究院,2004.

[11] 王自英,黄福贵,陈伟伟,等. 黄河小北干流放淤试验效果分析[R]. 郑州:黄河水利科学研究院,2005.

[12] 水利部黄河水利委员会. 维持黄河健康生命的研究与实践[R]. 2007.

[13] 石春先. 黄河下游淤筑相对地下河工程社会评价[J]. 人民黄河,1996(4):37-41.

[14] 刘生云,高文荣,贾新平,等. 黄河下游挖河固堤工程规划意见[J]. 人民黄河,2002,24(10):24-25.

[15] 黄河水利科学研究院. 2004 黄河河情咨询报告[M]. 郑州:黄河水利出版社,2005.

[16] 庞家珍. 对黄河下游治理方略的几点思考[J]. 人民黄河,2005,27(1):3-4.

[17] 张秀勇,王春迎,丰土根,等. 关于黄河治理策略的探讨[J]. 人民黄河,2005,27(1):5-6.

[18] 张金升,李希宁,李长海,等. 利用黄河泥沙制作备防石的研究[J]. 人民黄河,2005,27(3):14-16.

[19] 张仁. 对黄河水沙调控体系建设的几点看法[J]. 人民黄河,2005,27(9):3-4.

[20] 杜云岭,孙喜娥,刘云虎. 对黄河下游河道治理若干问题的思考[J]. 人民黄河,2006,28(10):11-12.

[21] 钱宁. 泥沙运动力学[M]. 科学出版社,1983.

[22] Einstein H A. Formula for the transportation of bed-Load[J]. Transactions of ASCE, 1942,117: 561-573.

[23] Kaliriske A A. Movement of sediment as bad-load in rives[J]. Transactions of American Geophysisal Union, 1947,28(4): 615-620.

[24] Brown C B. Sediment transportation[A]. In: Engineering Hydraulics [C]. eel. by H. Rouse. New York: John Wiley,1950.

[25] Paintal A S. Concept of critical shear stress in loose boundary open channels[J]. Journal of Hydraulic Research,1971, 9(1): 91-111.

[26] Poker G, Kingeman McLean D G. Bed load and size distribution in paved gravel-bed streams[J]. Journal of the Hydraulic Division, 1982,108(4):544-571.

[27] Low H S. Effect of sediment density on bed-load transport[J]. Journal of Hydraulic Engineering, 1989, 115(1):124-138.

[28] Samaga B R, Raju K Garde R J. Suspended load transport of sediment mixtures[J]. Journal of Hydraulic Engineering, 1986,112(11): 1019-1035.

[29] Graf W H, Acaroglu E R. A physical model for sediment transport in conveyance systems[J]. Bulletin IAHS,1969,13(2): 20-39.

[30] 范家骅. 渠道悬移质含沙量的经验关系式[J]. 泥沙研究,1957(1):59-62.

[31] Colby B R. Discharge of sands and mean-velocity relationships in sand-bed streams [J]. Journal of Allergy and Clinical Immunology,1963,112(4):695-701.

[32] Rubey W W. Equilibrium condition in debris laden stream[J]. Tran. of Amer. Geophysical Union, 1933, 497.

[33] Cook H L. Outlines of energetic of streams-transportation of solids[J]. Tran. of Amer. Geophysical Union,1935, 463.

[34] Knapp R T. Energy-balance in stream-flows carrying suspended load[J]. Tran. of Amer. Geophysical Union, 1938, 501-505.

[35] 张瑞瑾. 河流泥沙动力学[M].2版. 北京:中国水利水电出版社,1998.

[36] 窦国仁. 全沙模型相似律及设计实例[J]. 水利水运工程学报,1977(3): 1-20.

[37] 李昌华. 明渠水流挟沙能力初步研究[J]. 水利水运工程学报,1980(3):78-83.

[38] Engelund F, Hansen E. A monograph on sediment transport in alluvial streams [J]. Copenhagen: Teknish Forlag,1967, 1-62.

[39] Ackers P. White W R. Sediment transport: new approach and analysis[J]. Journal of the Hydraulics Division, 1973,99(11): 2041-2060.

[40] 张红武,张清. 黄河水流挟沙力的计算公式[J]. 人民黄河,1992(11): 7-9.

[41] 舒安平. 高含沙水流挟沙能力及输沙机理的研究[D]. 北京:清华大学,1994.

[42] 刘峰. 水流挟沙力机理试验研究网[D]. 武汉:水利电力学院,1995.

[43] 刘兴年,曹叔尤,黄尔,等. 粗细泥沙挟沙能力研究[J]. 泥沙研究,2000(4): 35-39.

[44] 李小平,张晓华,尚红霞,等.2005 年黄河下游水沙变化及河床演变特性[R]. 黄河水利科学研究院,2006.

[45] 钱宁,王可钦,阎林德,等. 黄河中游粗泥沙来源区对黄河下游冲淤的影响[A]//第一次河流泥沙国际学术讨论会论文集[C]. 北京:光华出版社, 1980.

[46] 钱宁. 高含沙水流运动[M]. 北京:清华大学出版社, 1989.

[47] 赵文林. 黄河泥沙[M]. 郑州:黄河水利出版社,1996.

[48] 尹学良,陈金荣,刘峡. 黄河下游河床演变三大基本问题的研究[J]. 水利学报,1998(11):1-5.

[49] 赵华侠,陈建国. 黄河下游洪水期输沙用水量与河道泥沙冲淤分析[J]. 泥沙研究,1997(3):57-61.

[50] 韩其为. 黄河下游输沙及冲淤的若干规律[J]. 泥沙研究, 2004(3):1-13.

[51] 赵业安,周文浩,等. 黄河下游河道演变若干基本规律[M]. 郑州:黄河水利出版社,1998.

[52] Li W X, Wang H R, Su Y Q,et al. Flood and flood control of the Yellow River [J]. International Journal of Sediment Research,2002,17(4):275-285.

[53] Ni J R, Liu X Y, Li T H, et al. Efficiency of sediment transport by flood and its control in the Lower Yellow River[J]. Science in China Ser. E Engineering & Materials Science,2004, 47(Supp. I): 173-185.

［54］ 钟德钰，王士强，王光谦.细颗粒对粗颗粒床沙质输沙率影响的初步研究［J］.水科学进展，2001，12（1）:1-6.

［55］ Picouet C, Hingray B, Olivry J C. Empirical and conceptual modeling of the suspended sediment dynamics in a large tropical African river: the Upper Niger River basin［J］. Journal of Hydrology,2001, 250(1-4):1939.

［56］ Lenzi M A, Marchi L. Suspended sediment load during floods in a small stream of the dolomites (northeastern Italy)［J］. CATENA, 2000, 39(4):267-282.

［57］ Syvitski J P, Morehead M D, Bahr D B, et al. Estimating fluvial sediment transport :the rating parameters［J］. Water Resources Research ,2000,36(9):2747-2760.

［58］ Hicks D M, Gomez B, Trustrum N A. Erosion thresholds and suspended sediment yields, Waipaoa River Basin, New Zealand［J］. Water Resources Research, 2000, 36(4):1129-1142.

［59］ 钱宁.关于"床沙质"和"冲泻质"的概念的说明［J］.水利学报, 1957(1):29-45.

［60］ 麦乔威，赵业安，潘贤娣，等.黄河下游来水来沙特性及河道冲淤规律的研究［C］//麦乔威论文集编辑委员会主编.麦乔威论文集.郑州:黄河水利出版社,1995:165-204.

［61］ 钱宁，等.黄河下游挟沙能力自动调整机理的初步探讨［J］.地理学报, 1981,36(2):143-156.

［62］ 石伟，王光谦，邵学军.不同来源区洪水对黄河下游流量—含沙量关系的影响［J］.水科学进展, 2003,14(2):147-151.

［63］ 梁志勇，刘继祥，张厚军.黄河下游河道洪水冲淤与水沙搭配关系［J］.水力发电学报, 2005, 24（2）:52-55.

［64］ 许炯心.水沙条件对黄河下游河道输沙功能的影响［J］.地理科学,2004, 24(3): 275-280.

［65］ 赵连军，韦直林，谈广鸣，等.黄河下游河床边界条件变化对河道冲淤影响计算研究［J］.泥沙研究,2005(3):17-23.

［66］ 张欧阳，许炯心，张红武.不同来源区洪水对黄河下游游荡河段河床横断面形态调整过程的影响［J］.泥沙研究,2002(6):1-7.

［67］ 张红武，张清，江恩惠.黄河下游河道造床流量的计算方法［J］.泥沙研究, 1994(4):50-55.

［68］ 吉祖稳，胡春宏，阎颐，等.多沙河流造床流量研究［J］.水科学进展, 1994,5(3):229-234.

［69］ 钱宁，张仁，周志德.河床演变学［M］.北京:科学出版社, 1987.

［70］ Wolman M G, Miller J P. Magnitude and frequency of forces in geomorphic processes ［J］. Journal of Geology, 1960,68(1):54-74.

［71］ Nash D B. Effective sediment transporting discharge from magnitude frequency analysis ［J］. Journal of Geology,1994,102(1):79-95.

［72］ Orndorff R L Whiting P J. Computing effective discharge with S – PLUS ［J］. Computers & Geosciences, 1999,25(5):559-565.

［73］ 石伟，王光谦，邵学军.流量变化对黄河下游河道演变影响［J］.水利学报,2003(5):74-83.

［74］ Almeida M S S, Borma L S, Barbosa M C. Land disposal of river and lagoon dredged sediments［J］. Engineering Geology, 2001,(60)(1):21-30.

［75］ Howard H C shang, Daniel Pearson, Samir Tanious. Lagoon Restoration near Ephemeral River Mouth ［J］. Journal of Waterway, Port, Coast, and Ocean Engineering,2002,128(2):79-87.

［76］ Kesel R H. Human modification to the sediment regime of the lower Mississippi River flood plain［J］. Geomorphology, 2003(56):325-334.

［77］ Grasser M M, Gamal F E. Aswan high dam: lesson learnt and on – going research［J］. Water Power & Dam Construction, 1994(1):35-39.

[78] 钱宁,张仁,赵业安,等.从黄河下游的河床演变规律来看河道治理中的调水调沙问题[J].地理学报,1978(1):13-26.

[79] 陈霁巍,徐民权,姚传江,等.黄河治理与水资源开发利用[M].郑州:黄河水利出版社,1998.

[80] 胡春宏,陈绪坚.流域水沙资源优化配置理论与模型及其在黄河下游的应用[J].水利学报,2006,37(12):1460-1468.

第 2 章　干支流水库建设与拦沙

水库的建成和运用极大地影响了黄河水沙情势,同时水库拦沙也是流域产沙进入河道后的一个重要归属地,因此干支流水库运用及其拦沙情况一直是黄河水沙变化的重要研究内容。但由于黄河干支流水库数量多、管理部门分散,全面系统掌握水库的拦沙数据工作难度巨大。

本书系统收集了第一次全国水利普查成果、黄河流域水库泥沙淤积调查报告(1992)、陕西省百万立方米以上水库泥沙淤积调查(2001)、山西省水利统计年鉴(2011)、甘肃水库(2006)等有关权威统计资料,将水库位置、控制流域面积、库容、特征水位、建成时间等特征指标整编成册。

根据水库地理位置基础数据,用遥感软件将水库逐个上图,核对水库所在河流和坐标的合理性,再利用 Google Earth 逐个查看该坐标处是否有水库存在。通过内业分析,将水库地理位置信息和卫星遥感信息一一对应,确保了水库的真实存在。在此基础上,实地走访了陕西、山西、甘肃、宁夏、内蒙古等省(区)水库管理单位,并进一步核实了相关水库的基础数据。

2.1　水库建设基本情况

2.1.1　黄河干流水库建设与分布情况

2.1.1.1　水库建设情况

截至 2011 年,黄河干流共建成水库 26 座,总库容为 603.05 亿 m^3,死库容为 135.46 亿 m^3。其中,大型水库 13 座,库容 598.59 亿 m^3,死库容 133.16 亿 m^3;中型水库 13 座,总库容为 4.46 亿 m^3,死库容 2.30 亿 m^3。黄河干流水库概况见表 2-1。

表 2-1　黄河干流水库概况

类型	数量(座)	总库容(亿 m^3)	死库容(亿 m^3)
大型水库	13	598.59	133.16
中型水库	13	4.46	2.30
合计	26	603.05	135.46

干流水库始建于 1961 年,即三门峡水利枢纽工程和盐锅峡水电站工程。表 2-2 统计了不同时期黄河流域干流水库建设情况。从表 2-2 可以看出,1961~1980 年,干流共建成水库 6 座,其中大型水库 4 座(库容为 162.55 亿 m^3),中型水库 2 座(库容为 0.63 亿 m^3),总库容为 163.18 亿 m^3。1981~2000 年,干流共建成水库 3 座,其中修建大型水库 2

座(库容为255.96亿 m³),中型水库 1 座(库容为0.90亿 m³),总库容为256.86亿 m³。2001 年以后,干流水库建设速度加快。2001~2011 年,共建成水库 17 座,其中,大型水库 10 座(库容为180.08亿 m³),中型水库 7 座(库容为2.94亿 m³),总库容为183.02 亿 m³。

表2-2　不同时期黄河流域干流水库建设情况

时段(年)	新建水库(座)			新增库容(亿 m³)		
	小计	大型	中型	小计	大型	中型
1961~1980	6	4	2	163.18	162.55	0.63
1981~2000	3	2	1	256.86	255.96	0.90
2001~2011	17	10	7	183.02	180.08	2.94
合计	26	16	10	603.06	598.59	4.47

图2-1 为黄河流域干流水库数量变化,图2-2 为黄河流域干流水库总库容变化。由图2-1、图2-2 可知,随着流域发展的需求,2000 年以后黄河流域干流水库进入建设高峰期,水库数量和库容增加显著。

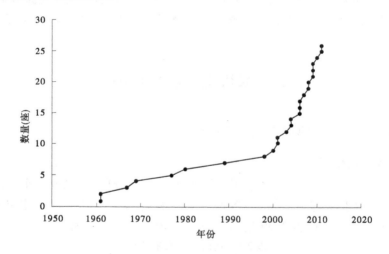

图2-1　黄河流域干流水库数量变化

2.1.1.2　水库分布情况

按水库所在区间划分,干流水库主要分布在 9 个区间,分别为河源至玛曲、玛曲至龙羊峡、龙羊峡至兰州、兰州至下河沿、下河沿至石嘴山、河口镇至龙门、龙门至三门峡、三门峡至小浪底和小浪底至花园口干流区间。黄河干流水库分布情况见表2-3。由表2-3 可知,龙羊峡至兰州区间水库数量最多,共计 12 座(大型水库 4 座,中型水库 8 座),总库容为85.05亿 m³;兰州至下河沿区间建成水库 3 座,总库容为1.62亿 m³;河口镇至龙门区间建成水库 3 座,总库容为11.36亿 m³;玛曲至龙羊峡建成水库 2 座,总库容为248.29亿 m³;河源至玛曲、龙门至三门峡、三门峡至小浪底和小浪底至花园口 4 个区间分别建成水库 1 座。

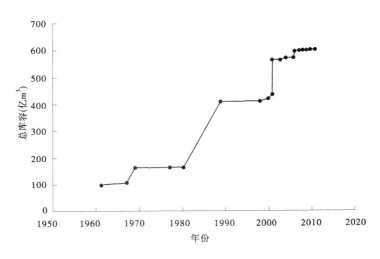

图 2-2　黄河流域干流水库总库容变化

表 2-3　黄河干流水库分布情况

所在区间	数量（座）			库容（亿 m³）		
	数量	大型	中型	总库容	大型	中型
河源至玛曲	1	1	0	25.01	25.01	0
玛曲至龙羊峡	2	2	0	248.29	248.29	0
龙羊峡至兰州	12	4	8	85.05	82.90	2.15
兰州至下河沿	3	0	3	1.62	0	1.62
下河沿至石嘴山	2	1	1	7.61	7.35	0.26
河口镇至龙门	3	2	1	11.36	10.92	0.44
龙门至三门峡	1	1	0	96.00	96.00	0
三门峡至小浪底	1	1	0	126.50	126.50	0
小浪底至花园口	1	1	0	1.62	1.62	0

　　黄河流域干流水库分布见图 2-3。由图 2-3 可以看出，干流水库大部分建于上游区间，有水库 20 座；中游水库分布较少，有水库 6 座；黄河下游（桃花峪以下）没有水库。

2.1.2　渭河流域水库建设与分布情况

2.1.2.1　水库建设情况

　　截至 2011 年，渭河流域共建成水库 619 座，总库容为 37.190 亿 m³，兴利库容 15.298 亿 m³，死库容 7.895 亿 m³。其中，大型水库 5 座，库容为 14.340 亿 m³，兴利库容 4.860

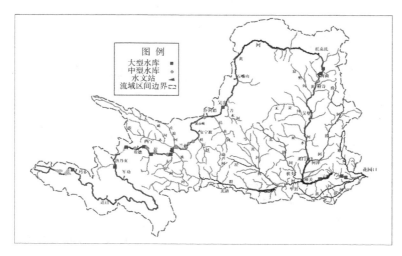

图 2-3　黄河流域干流水库分布

亿 m^3，死库容 1.789 亿 m^3；中型水库 46 座，库容为 13.023 亿 m^3，兴利库容 6.756 m^3，死库容 3.731 亿 m^3；小型水库 568 座，库容为 9.827 m^3，兴利库容 3.682 亿 m^3，死库容 2.375 亿 m^3。渭河流域水库概况见表 2-4。

表 2-4　渭河流域水库概况

类型	数量(座)	总库容(亿 m^3)	兴利库容(亿 m^3)	死库容(亿 m^3)
大型水库	5	14.340	4.860	1.789
中型水库	46	13.023	6.756	3.731
小型水库	568	9.827	3.682	2.375
合计	619	37.190	15.298	7.895

渭河流域水库始建于 1926～1956 年 30 年间，在此期间共建成水库 7 座，其中，小型水库 6 座(0.182 亿 m^3)，中型水库 1 座(0.268 亿 m^3)，总库容为 0.450 亿 m^3，年均库容增加 0.015 亿 m^3。

1957～1980 年是水库修建的鼎盛时期。在此期间共建水库 531 座，其中，大型水库 3 座(10.870 亿 m^3)，中型水库 36 座(10.558 亿 m^3)，小型水库 492 座(7.947 亿 m^3)，总库容为 29.375 亿 m^3，年均增加库容 1.277 亿 m^3。其中，1970～1980 年 10 年间水库库容由 13.012 亿 m^3 增加到 29.989 亿 m^3，增加了约 17 亿 m^3。

1981 年以后，水库建设速度明显减缓。1981～2011 年共建成水库 81 座，其中大型水库 2 座(3.470 亿 m^3)，中型水库 9 座(2.197 亿 m^3)，小型水库 70 座(1.698 亿 m^3)，总库容为 7.365 亿 m^3，年均增加库容 0.238 亿 m^3。渭河流域不同时期水库建设总体情况见表 2-5，水库总库容变化情况见图 2-4。

表 2-5 渭河流域不同时期水库建设情况

时段(年)	新增水库(座)				新增库容(亿 m³)			
	小计	大型	中型	小型	小计	大型	中型	小型
1926~1956	7	0	1	6	0.450	0	0.268	0.182
1957~1980	531	3	36	492	29.375	10.870	10.558	7.947
1981~2011	81	2	9	70	7.365	3.470	2.197	1.698
合计	619	5	46	568	37.190	14.340	13.023	9.827

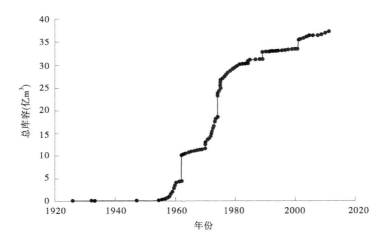

图 2-4 渭河流域水库总库容变化情况

2.1.2.2 水库分布情况

根据流域不同区间产沙差异,将水库所在河段划分为不同区间。渭河拓石以上,共有中型水库 11 座,小型水库 112 座;泾河景村以上,共有大型水库 1 座,中型水库 10 座,小型水库 95 座;北洛河刘家河以上,共有小型水库 1 座;拓石—咸阳,共有大型水库 4 座,中型水库 12 座,小型水库 117 座;景村—张家山,共有小型水库 9 座;刘家河—洑头,共有中型水库 5 座,小型水库 56 座;渭河咸阳以下,共有中型水库 8 座,小型水库 140 座;泾河张家山—桃园共有小型水库 29 座;北洛河洑头水文站以下共有小型水库 9 座。渭河流域不同区间水库分布概况见表 2-6。

按水库所在支流划分,渭河北岸支流水库数量相对较多,其中泾河水系水库 145 座,总库容为 11.257 3 亿 m³;葫芦河水系水库 111 座,总库容为 5.177 亿 m³;北洛河水系水库 71 座,总库容为 2.631 亿 m³;石川河流域水库 48 座,总库容为 2.318 亿 m³;韦水河合计 45 座,总库容为 3.310 亿 m³,五条水系水库总数为 422 座,总库容为 24.693 亿 m³,占渭河流域水库总数的 66.16%。渭河干流及其一级支流水库分布情况见表 2-7。

表 2-6　渭河流域不同区间水库分布概况

类型	区间		数量（座）	水库控制流域面积（km²）	总库容（亿 m³）	兴利库容（亿 m³）	死库容（亿 m³）
大型	多沙区	泾河景村以上	1	3 478	5.400	0.203	0.675
	少沙区	拓石—咸阳	4	5 118	8.940	4.657	1.114
	小计		5	8 596	14.340	4.860	1.789
中型	多沙区	渭河拓石以上	11	3 149	2.874	0.244	1.515
		泾河景村以上	10	18 355	2.001	0.620	0.761
	少沙区	拓石—咸阳	12	7 624	4.205	3.951	0.693
		刘家河—湫头	5	1 638	1.461	0.679	0.305
		渭河咸阳以下	8	3 091	2.361	1.248	0.430
	小计		46	33 857	12.902	6.742	3.704
小型	多沙区	渭河拓石以上	112	3 684	2.538	0.612	0.842
		泾河景村以上	95	5 445	2.162	0.510	0.634
		北洛河刘家河以上	1	0	0.069	0	0.049
	少沙区	拓石—咸阳	117	44 089	1.398	0.743	0.214
		景村—张家山	9	659	0.127	0.051	0.026
		刘家河—湫头	56	1 558	0.972	0.451	0.144
	咸阳—渭河入黄口	渭河咸阳以下	140	5 547	1.967	1.067	0.331
		泾河张家山—桃园	29	875	0.595	0.248	0.135
		北洛河湫头以下	9	161	0.129	0.059	0.008
	小计		568	62 018	9.957	3.741	2.383

表 2-7　渭河干流及其一级支流水库分布情况

序号	河流水系	数量（座）	总库容（万 m³）	序号	河流水系	数量（座）	总库容（万 m³）
1	泾河	145	112 573	2	葫芦河	111	51 765.8
3	北洛河	71	26 312.1	4	石川河	48	23 176.1
5	韦水河	45	33 100.4	6	千河	29	56 211.4
7	干流及未控区	26	6 971.04	8	灞河	27	4 354.34
9	沣河	24	4 637.06	10	零河	15	5 637.03
11	沋河	8	3 213.48	12	清水河	8	357.95

序号	河流水系	数量（座）	总库容（万 m³）	序号	河流水系	数量（座）	总库容（万 m³）
13	金陵河	7	205.9	14	清水河	6	426
15	溪河	5	180.09	16	黑河	5	20 713.8
17	牛头河	4	631.69	18	赤水河	4	1 667.95
19	遇仙河	3	840.2	20	汤峪河	3	160.8
21	白龙河	3	169.82	22	小水河	2	349.3
23	石堤河	2	180.65	24	散渡河	2	1 323.5
25	涝河	2	43	26	甘河	2	424.5
27	榜沙河	2	32.5	28	新河	1	14
29	西沙河	1	70	30	石头河	1	14 700
31	麦李河	1	14	32	罗纹河	1	37.2
33	莲峰河	1	525	34	耤河	1	273
35	方山峪	1	67.2	36	伐鱼河	1	272
37	磻溪河	1	260				

2.1.3 汾河流域水库建设与分布情况

汾河流域东邻海河流域，西接黄河北干流区间，干流长 694 km，河津站控制流域面积 38 728 km²，占山西省土地面积的 24.8%。

2.1.3.1 水库建设情况

截至 2011 年，汾河流域共建成水库 138 座，总库容为 17.283 亿 m³，兴利库容 6.249 亿 m³，死库容 1.950 亿 m³。其中，大型水库 3 座，库容 9.830 亿 m³，兴利库容 3.528 亿 m³，死库容 0.440 亿 m³；中型水库 13 座，库容为 5.457 亿 m³，兴利库容 1.899 亿 m³，死库容 1.151 亿 m³；小型水库 122 座，库容为 1.996 亿 m³，兴利库容 0.822 亿 m³，死库容 0.359 亿 m³。汾河流域水库概况见表 2-8。

表 2-8 汾河流域水库概况

类型	数量（座）	总库容（亿 m³）	兴利库容（亿 m³）	死库容（亿 m³）
大型水库	3	9.830	3.528	0.440
中型水库	13	5.457	1.899	1.151
小型水库	122	1.996	0.822	0.359
合计	138	17.283	6.249	1.950

汾河流域水库始建于 1956～1960 年，在此期间共建成水库 25 座，其中中型水库 5 座

（总库容 2.473 亿 m³），小型水库 20 座（总库容 0.407 亿 m³），总库容 2.880 亿 m³，年均增加 0.576 亿 m³。

1961～1980 年是水库修建的高峰期。在此期间共建成水库 99 座，其中修建大型水库 2 座（总库容 8.500 亿 m³），中型水库 7 座（总库容 2.739 亿 m³），小型水库 90 座（总库容 1.402 亿 m³），总库容为 12.641 亿 m³，年均增加库容 0.632 亿 m³。

1981 年以后，水库建设速度放缓。1981～2011 年共建成水库 14 座，其中，中型水库 2 座（总库容 1.575 亿 m³），小型水库 12 座（总库容 0.187 亿 m³），总库容为 1.762 亿 m³，年均增加库容 0.059 亿 m³。汾河流域不同时期水库建设情况见表 2-9，库容变化情况见图 2-5。

表 2-9 汾河流域不同时期水库建设情况

时段（年）	新增水库（座）				新增库容（亿 m³）			
	小计	大型	中型	小型	小计	大型	中型	小型
1956～1960	25	0	5	20	2.880	0	2.473	0.407
1961～1980	99	2	7	90	12.641	8.500	2.739	1.402
1981～2011	14	0	2	12	1.762	0	1.575	0.187
合计	138	2	14	122	17.283	8.500	6.787	1.996

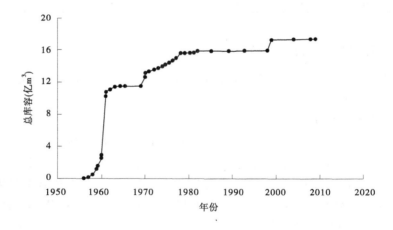

图 2-5 汾河流域水库总库容变化情况

2.1.3.2 水库分布情况

汾河流域支流较多。其中，浍河水系水库数量最多，共有 23 座，总库容为 2.515 亿 m³；汾河干流水库 22 座，总库容为 9.447 亿 m³；昌源河水系水库 16 座，总库容为 0.926 亿 m³；涝河水系水库 10 座，总库容为 1.181 亿 m³，三条水系和汾河干流水库数量共计 71 座，总库容合计 14.068 亿 m³，占汾河流域水库总库容的 78.53%。汾河干流及其一级支流水库分布情况见表 2-10。

表 2-10　汾河干流及其一级支流水库分布情况

序号	河流水系	数量（座）				库容（亿 m³）			
		数量	大型	中型	小型	总库容	大型	中型	小型
1	昌源河	16	0	3	13	0.926	0	0.790	0.136
2	磁窑河	5	0	0	5	0.130	0	0	0.130
3	段纯河	1	0	0	1	0.073	0	0	0.073
4	汾河	22	2	1	19	9.447	8.660	0.558	0.229
5	滏河	4	0	0	4	0.077	0	0	0.077
6	侯堡河	1	0	0	1	0.020	0	0	0.020
7	浍河	23	0	3	20	2.515	0	2.283	0.232
8	惠济河	6	0	1	5	0.365	0	0.263	0.102
9	豁都峪	2	0	0	2	0.066	0	0	0.066
10	霍泉河	4	0	0	4	0.013	0	0	0.013
11	涧河	4	0	0	4	0.110	0	0	0.110
12	晋家峪	1	0	0	1	0.011	0	0	0.011
13	静升河	1	0	0	1	0.002	0	0	0.002
14	岚河	3	0	0	3	0.136	0	0	0.136
15	涝河	10	0	2	8	1.181	0	1.106	0.075
16	柳根河	3	0	0	3	0.051	0	0	0.051
17	龙凤河	4	0	0	4	0.017	0	0	0.017
18	明姜沟	1	0	0	1	0.002	0	0	0.002
19	南涧河	1	0	0	1	0.013	0	0	0.013
20	南沙河	2	0	0	2	0.022	0	0	0.022
21	曲亭河	1	0	1	0	0.345	0	0	0.345
22	文峪河	6	1	1	4	1.775	1.170	0.470	0.135
23	潇河	8	0	1	7	0.402	0	0.201	0.201
24	兴唐寺河	1	0	0	1	0.003	0	0	0.003
25	杨兴河	7	0	0	7	0.166	0	0	0.166
26	张涧河	1	0	0	1	0.048	0	0	0.048

2.1.4　河龙区间水库建设与分布情况

河龙区间是指黄河中游河口镇（头道拐）—龙门（禹门口）河段。河龙区间支流水系十分发育，山西、陕西两省境内流域面积逾 1 000 km² 直汇黄河的支流就有 21 条之多，流域面积大于 1 500 km² 的支流有 13 条。

2.1.4.1 水库建设情况

截至 2013 年,河龙区间支流共建成水库 203 座,总库容为 25.732 亿 m³,死库容 5.076 亿 m³。其中,大型水库 2 座,库容 3.064 亿 m³(占总库容的 11.51%),死库容 0.400 亿 m³;中型水库 43 座,库容为 18.339 亿 m³,死库容 3.841 亿 m³;小型水库 158 座,库容为 4.329 亿 m³,死库容 0.835 亿 m³。河龙区间水库概况见表 2-11。

表 2-11 河龙区间水库概况

类型	数量(座)	控制流域面积(km²)	总库容(亿 m³)	死库容(亿 m³)
大型水库	2	4 241	3.064	0.400
中型水库	43	20 868	18.339	3.841
小型水库	158	10 322	4.329	0.835
合计	203	35 431	25.732	5.076

河龙区间水库始建于 1956～1970 年的 15 年间,在此期间共建成水库 23 座,其中中型水库 6 座(总库容 1.964 亿 m³),小型水库 17 座(总库容 0.426 亿 m³),总库容 2.390 亿 m³,年均增加库容 0.159 亿 m³。

1971～1985 年是水库修建的高峰期,在此期间共建成水库 145 座,其中修建大型水库 2 座(总库容 3.064 亿 m³),中型水库 28 座(总库容 12.555 亿 m³),小型水库 115 座(总库容 3.097 亿 m³),总库容为 18.716 亿 m³,年均增加库容 1.248 亿 m³。

1986 年以后,水库建设速度放缓。1986～2011 年共建成水库 38 座,其中,中型水库 10 座(总库容 4.718 亿 m³),小型水库 26 座(总库容 0.806 亿 m³),总库容为 16.444 亿 m³,年均增加库容 0.221 亿 m³。河龙区间不同时期水库建设情况见表 2-12,水库总库容变化情况见图 2-6。

表 2-12 河龙区间不同时期水库建设情况

时段	新建水库(座)				新增库容(亿 m³)			
	小计	大型	中型	小型	小计	大型	中型	小型
1956～1970	23	0	6	17	2.390	0	1.964	0.426
1971～1985	145	2	28	115	18.716	3.064	12.555	3.097
1986～2011	38	2	10	26	16.444	10.920	4.718	0.806
合计	206	4	44	158	37.550	13.984	9 236	4.329

2.1.4.2 水库分布情况

河龙区间支流众多,集水面积在 1 000 km² 以上的支流主要有:红河、杨家川、偏关河、皇甫川、孤山川、朱家川河、岚漪河、蔚汾河、窟野河、秃尾河、佳芦河、湫水河、三川河、屈产河、无定河、清涧河、昕水河、延河、云岩河和仕望河等。其中,无定河流域水库数量最多,

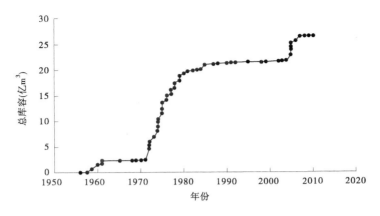

图 2-6　河龙区间水库总库容变化情况

共计94座,总库容为14.706亿 m³;红河流域水库22座,总库容为2.777亿 m³;延河流域水库6座,总库容为2.254亿 m³;窟野河流域水库12座,总库容为1.400亿 m³;清涧河流域水库4座,总库容为0.844亿 m³;三川河流域水库4座,总库容为1.163亿 m³。六条水系数量共计140座,总库容合计12.223亿 m³,占河龙区间水库总库容的45.90%。河龙区间各支流水库分布情况见表2-13。

表 2-13　河龙区间各支流水库分布情况

序号	河流水系	数量（座）				库容（亿 m³）			
		小计	大型	中型	小型	总库容	大型	中型	小型
1	无定河	94	1	25	68	14.706	1.034	12.046	1.626
2	红河	22	0	4	18	2.777	0	2.427	0.350
3	皇甫川	16	0	0	16	0.483	0	0	0.483
4	窟野河	12	0	2	10	1.400	0	1.132	0.268
5	清涧河	4	0	4	0	0.844	0	0.844	0
6	秃尾河	7	0	1	6	0.190	0	0.106	0.084
7	延河	6	1	0	5	2.254	2.03	0	0.224
8	湫水河	5	0	1	4	0.311	0	0.179	0.132
9	三川河	4	0	3	1	1.163	0	1.113	0.050
10	其他支沟	4	0	0	4	0.125	0	0	0.125
11	仕望河	3	0	0	3	0.090	0	0	0.090
12	清水川	3	0	0	3	0.033	0	0	0.033
13	云岩河	3	0	0	3	0.063	0	0	0.063
14	朱家川河	2	0	0	2	0.154	0	0	0.154
15	蔚汾河	2	0	1	1	0.201	0	0.106	0.095

序号	河流水系	数量（座）				库容（亿 m³）			
		小计	大型	中型	小型	总库容	大型	中型	小型
16	岚漪河	2	0	1	1	0.297	0	0.231	0.066
17	猴儿川河	2	0	0	2	0.021	0	0	0.021
18	孤山川	2	0	0	2	0.087	0	0	0.087
19	鄂河	2	0	0	2	0.026	0	0	0.026
20	芝河	1	0	0	1	0.009	0	0	0.009
21	昕水河	1	0	0	1	0.061	0	0	0.061
22	乌龙河	1	0	0	1	0.053	0	0	0.053
23	清水河	1	0	0	1	0.043	0	0	0.043
24	屈产河	1	0	0	1	0.078	0	0	0.078
25	孔兑沟	1	0	0	1	0.020	0	0	0.020
26	佳芦河	1	0	0	1	0.089	0	0	0.089
27	车会沟	1	0	1	0	0.155	0	0.155	0

2.1.5 黄河上游主要支流水库建设与分布情况

2.1.5.1 清水河

截至 2011 年，清水河流域共建成水库 121 座，总库容 13.147 亿 m³，死库容 5.634 亿 m³。其中，大型水库 3 座，中型水库 15 座，小型水库 103 座。清水河流域水库概况见表 2-14。

表 2-14 清水河流域水库概况

类型	数量（座）	控制流域面积（km²）	总库容（亿 m³）	死库容（亿 m³）
大型水库	3	5 932	6.596	3.683
中型水库	15	3 962.6	3.951	1.202
小型水库	103	4 175.51	2.600	0.749
合计	121	14 070.11	13.147	5.634

清水河流域水库始建于 20 世纪 50 年代，至 1970 年共建成水库 24 座，其中大型水库 3 座，中型水库 1 座，小型水库 20 座，总库容为 8.090 亿 m³。1971～1985 年是水库修建的高峰期，其间共建成水库 59 座，其中型水库 6 座，小型水库 53 座。1986 年以后，水库建设速度放缓。1986～2011 年共建成水库 38 座，总库容为 2.388 亿 m³。清水河流域不同时期水库建设情况见表 2-15，水库总库容变化情况见图 2-7。

表 2-15   清水河流域不同时期水库建设情况

流域	时段(年)	新建水库(座)	新增库容(亿 m³)
清水河	1958 ~ 1970	24	8.090
	1971 ~ 1985	59	2.669
	1986 ~ 2000	19	0.629
	2001 ~ 2011	19	1.759
	合计	121	13.147

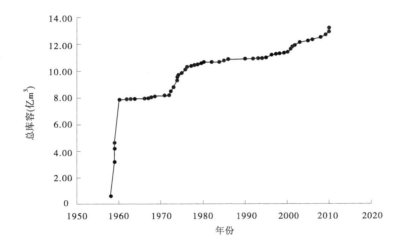

图 2-7   清水河流域水库总库容变化情况

2.1.5.2   苦水河

苦水河流域水库始建于 20 世纪 70 年代,截至 2011 年,流域共建成水库 4 座,总库容 0.625 亿 m³,死库容 0.284 亿 m³。其中,中型水库 2 座,小型水库 2 座。苦水河流域水库概况见表 2-16。

表 2-16   苦水河流域水库概况

类型	数量 (座)	控制流域面积 (km²)	总库容 (亿 m³)	死库容 (亿 m³)
大型水库	0	0	0	0
中型水库	2	590	0.587	0.284
小型水库	2	563.1	0.038	0
合计	4	1 153.1	0.625	0.284

2.1.5.3   洮河

截至 2011 年,洮河流域共建成水库 29 座,总库容 10.451 亿 m³,死库容 3.324 亿 m³。

其中,大型水库1座,中型水库3座,小型水库25座。洮河流域水库概况见表2-17。

表2-17 洮河流域水库概况

类型	数量 (座)	控制流域面积 (km²)	总库容 (亿 m³)	死库容 (亿 m³)
大型水库	1	17 176	9.430	2.950
中型水库	3	34 422	0.602	0.268
小型水库	25	142 412	0.419	0.106
合计	29	194 010	10.451	3.324

洮河流域水库始建于20世纪60年代。至1973年共建成水库7座,总库容为0.037亿 m³,年均增加库容0.006亿 m³。1974~2000年共建成水库6座,总库容为0.150亿 m³,年均增加库容0.006亿 m³。2001~2011年,流域共建成16座水库,总库容为10.264亿 m³,其中建成大型水库1座,中型水库3座。洮河流域不同时期水库建设情况见表2-18,水库总库容变化情况见图2-8。

表2-18 洮河流域不同时期水库建设情况

流域	时段(年)	新建水库(座)	新增库容(亿 m³)
洮河	1968~1973	7	0.037
	1974~2000	6	0.150
	2001~2011	16	10.264
	合计	29	10.451

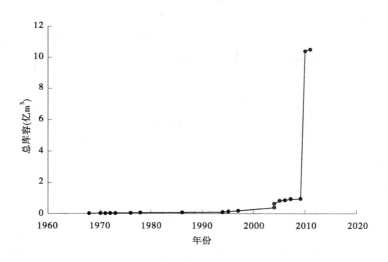

图2-8 洮河流域水库总库容变化情况

2.1.5.4 湟水

截至2011年,湟水流域共建成水库116座,总库容3.990亿 m³,死库容0.389亿 m³。

其中,大型水库1座,中型水库4座,小型水库111座。湟水流域水库概况见表2-19。

表2-19 湟水流域水库概况

类型	数量 (座)	控制流域面积 (km²)	总库容 (亿 m³)	死库容 (亿 m³)
大型水库	1	1 043	1.820	0.170
中型水库	4	1 927	0.800	0.038
小型水库	111	95 531	1.370	0.181
合计	116	98 501	3.990	0.389

湟水流域水库始建于20世纪50年代,1958～1968年10年间建成水库9座,总库容为0.137亿 m³。1969～1985年是水库修建的高峰期,其间共建成水库71座,其中修建中型水库3座,小型水库68座,总库容为1.149亿 m³。1986年以后,水库建设速度放缓。1986～2011年共建成水库36座,其中大型水库1座,中型水库1座,小型水库34座,总库容为2.704亿 m³,年均增加库容0.104亿 m³。湟水流域不同时期水库建设总体情况见表2-20,湟水流域水库总库容变化情况见图2-9。

表2-20 湟水流域不同时期水库建设总体情况

流域	时间段(年)	新增水库(座)	新增库容(亿 m³)
湟水	1958～1968	9	0.137
	1969～1985	71	1.149
	1986～2000	15	0.261
	2001～2011	21	2.443
	合计	116	3.990

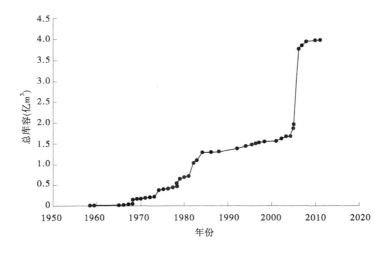

图2-9 湟水流域水库总库容变化情况

2.1.5.5 祖厉河

截至 2011 年，祖厉河流域共建成小型水库 16 座，总库容 0.383 亿 m³，死库容 0.201 亿 m³。祖厉河流域水库概况见表 2-21。

表 2-21 祖厉河流域水库概况

类型	数量 （座）	控制流域面积 （km²）	总库容 （亿 m³）	死库容 （亿 m³）
大型水库	0	0	0	0
中型水库	0	0	0	0
小型水库	16	655	0.383	0.201
合计	16	655	0.383	0.201

祖厉河流域水库始建于 20 世纪 70 年代，1972~1975 年建成水库 6 座，总库容为 0.165 亿 m³；1976~1985 年共建成水库 7 座，总库容为 0.196 亿 m³；1986 年以后，仅建成水库 3 座，总库容为 0.022 亿 m³。祖厉河流域不同时期水库建设总体情况见表 2-22，水库总库容变化情况见图 2-10。

表 2-22 祖厉河流域不同时期水库建设总体情况

流域	时段（年）	新增水库（座）	新增库容（亿 m³）
祖厉河	1972~1975	6	0.165
	1976~1985	7	0.196
	1986~2011	3	0.022
	合计	16	0.383

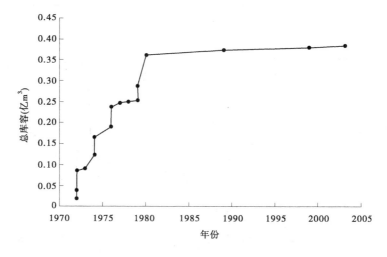

图 2-10 祖厉河流域水库总库容变化情况

2.2 水库拦沙分析

（1）水库拦沙数据收集情况。

为获取水库拦沙量数据，课题组走访了研究区间的绝大部分大中型水库，了解了水库的运行方式和实际淤积情况，采集了水库管理单位实测或统计的淤积数据。同时，还收集了黄河流域水库泥沙淤积调查报告（1992）、陕西省百万立方米以上水库泥沙淤积调查（2001）、陕北库坝群治理拦沙效果统计（2002）、2002 年榆林水库淤积调查（2002）、榆林市水库泥沙淤积测验项目（2013）、山西省水利统计年鉴（2011）、运城市中小型水库建设（2009）、甘肃水库（2006）等成果。从调查情况看，黄河干流、渭河、泾河和北洛河流域大型水库均有实测的逐年淤积量数据，汾河流域水库的实测淤积数据也较为齐全；陕西省曾分别在 20 世纪 90 年代末和 2006 年前后统一调查统计了中型水库和部分小型水库的淤积库容；宁夏回族自治区曾在 20 世纪 90 年代末、2002 年、2008 年和 2010 年对其水库实际淤积量进行过统一测量。从总体上看，该区约 90% 的大中型水库有比较可靠的实测淤积数据，40% 的小型水库有淤积统计信息。

根据水库淤积资料的丰缺程度，可将水库大致分为以下 3 类。

①有历年淤积资料：此类水库多为大型水库，有历年淤积测量资料。

②有个别年份淤积资料：此类水库多为中、小型水库，建库以来进行过 1 次以上的淤积测量。

③无淤积资料：此类水库多为小型水库，没有任何淤积资料。

（2）拦沙量计算方法。

针对有个别年份淤积资料的水库，其介于 T_{i-1} 与 T_i 之间的逐年淤积量可用该时段年均淤积量来替代，即

$$\bar{S} = \frac{S_i - S_{i-1}}{T_i - T_{i-1}} \tag{2-1}$$

式中　T_i——第 i 次淤积测量的年份；

　　　S_i——第 i 次实测淤积量；

　　　$\bar{S}$——T_{i-1} 与 T_i 时段的年均淤积量。

针对无淤积资料的水库，可用与其所在地区地貌特征、水土流失程度相同或相似的其他水库进行类比，即

$$\bar{S} = \frac{\sum\limits_{k=1}^{n} \bar{S}_i}{\sum\limits_{k=1}^{n} A_i} A^* \tag{2-2}$$

式中　$\bar{S}_i$、A_i——有资料水库的年均淤积量与控制流域面积；

　　　$\bar{S}$、A^*——无资料水库的年均淤积量与控制流域面积。

应用式（2-1）、式（2-2）推求所得的是研究区域各水库的时段年均值，在总淤积量的推求上具有较高的可信度。然而历年的水沙条件各不相同，水库逐年的淤积量也就未必是

各时段年均值。

考虑到除运行管理较好的大型水库与部分中型水库外,大部分中小水库运行模式单一,多为滞洪蓄清或排洪蓄清模式,其淤积受来水来沙量的影响较大,来沙量大的年份,淤积下来的泥沙也多。基于此,按照各支流水文站的实测来沙量对时段年均值进行加权修正,所得结果即为单个水库的逐年淤积量,即

$$S'_i = \frac{c_i}{\bar{c}} \bar{S} \tag{2-3}$$

式中 S'_i——第 i 年的加权逐年淤积量;

c_i、$\bar{c}$——水文站第 i 年来沙量及时段年均来沙量。

应用式(2-3),可获得由来沙量加权的单个水库逐年淤积量。各个支流流域内对各个水库进行求和就可以获得相应的流域水库逐年淤积量。

2.2.1 黄河干流水库拦沙量

黄河干流水库淤积量数据来自相应水库管理部门或淤积测量单位。根据各水库实测淤积测量数据,分河段分析该干流水库实际拦沙量。

2.2.1.1 柄灵以上河段

1. 龙羊峡水库

龙羊峡水库位于黄河上游上段,该河段峡谷窄深,出露岩层多为古老变质岩或花岗岩,岩性致密坚硬。龙羊峡水库建库前,河段基本处于冲淤平衡状态,虽然该区间有未控支流汇入,但进库站(唐乃亥)与出库站(贵德),两站沙量具有良好的线性关系,相关系数约为0.89;建库后由于水库拦沙作用,两站沙量无明显关系,如图2-11所示。

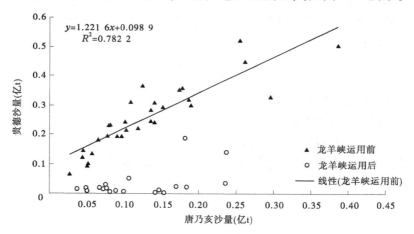

图 2-11   龙羊峡水库运用前、后进出库沙量关系

根据这一关系,在已知唐乃亥沙量的条件下,可以利用方程 $y = 1.221\ 6x + 0.098\ 9$ 估算贵德沙量,验证了1955~1985年30年间,该河段累计冲淤量为 -0.106 3 亿 t(输沙率法),说明此方程合理。运用同样方法,计算2007~2013年由于水库拦蓄泥沙作用,使出库(贵德)沙量年均减少约0.20亿 t,即水库淤积量为0.20亿 t。

2. 区间其他水库

该区泥沙主要来自黄河河谷一带。在黄河积石峡上首,设有循化水文站,其天然时期年均来沙量为 0.41 亿 t;加上循化至柄灵区间来沙,则柄灵水库坝址以上天然来沙应约为 0.42 亿 t。截至 2013 年,柄灵以上有已建或在建水库 15 座,除黄河源和玛尔挡水库外,其他 13 座水库基本上首尾相连,其相关特征值见表 2-23。随着一座座水库截流或投运,循化站来沙大幅度减少:2007～2013 年循化站年输沙量只有 227 万 t。鉴于 2007～2013 年唐乃亥——兰州区间降雨一直处于偏丰状态、水库仍有很大的死库容,故可将柄灵坝址以上的天然来沙量作为同期坝库的实际拦沙量,即 0.42 亿 t。扣除龙羊峡水库拦沙,其他水库年均拦沙量为 0.22 亿 t。

表 2-23　黄河干流玛尔挡至积石峡区间的水库特征值

水库名称	开工时间 (年-月)	建成时间 (年-月)	总库容 (亿 m³)	死库容 (亿 m³)	区间天然来沙 (万 t)
玛尔挡水库	2011-06		14.89	0.97	
班多水库		2011-12	1.285	0.088	
羊曲水库	2011-05		14.72	13.3	
龙羊峡水库		1989-06	247	53.33	坝址以上合计 2 480
拉西瓦水库	2006-04		10.79	8.56	100
尼那水库		2003-05	0.262	0.176	—
李家峡水库		2001-09	17.5	15.9	350(拉西瓦—李家峡区间)
直岗拉卡	2006-06		0.154	0.124	23
康杨水库		2009-01	0.288	0.238	54
公伯峡水库		2004-09	6.3	4.91	700
苏只水库		2006-03	0.445	0.313	125
黄丰水库	2009-07		0.59	0.452	50
积石峡水库	2005-01		2.94	1.93	170
柄灵水库		2009-06	0.48	0.38	130

2.2.1.2　刘家峡水库

刘家峡库区主要支流有大夏河、洮河,根据水库进口站(循化)、大夏河(冯家台)、洮河(红旗)、出口站(小川)的年沙量,可以计算水库泥沙淤积量。刘家峡水库建库前,河段基本处于冲淤平衡状态,进、出库沙量具有良好的线性关系,相关系数约为 0.90;建库后由于水库拦沙作用,两站沙量无明显关系,如图 2-12 所示。根据这一关系,在已知入库沙量的条件下,可以利用方程 $y = 1.305\ 1x - 0.044\ 7$ 估算小川沙量,验证了 1952～1967 年该河段累计冲淤量为 0.728 亿 t(输沙率法),说明方程合理。运用同样的方法,2007～

2013年由于水库拦蓄泥沙作用,使出口站(小川)沙量年均减少约93万t,即水库淤积量为93万t,说明水库该时期基本冲淤平衡。

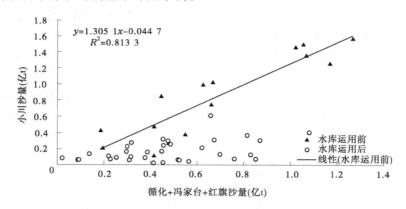

图2-12　刘家峡水库运用前、后进出库沙量关系

2.2.1.3　盐锅峡—青铜峡河段

黄河盐锅峡—青铜峡河段水库概况如表2-24所示。

表2-24　黄河盐锅峡—青铜峡河段水库概况

水库名称	建成时间(年-月)	总库容(亿 m^3)	死库容(亿 m^3)
盐锅峡水库	1961-11	2.2	1.6
八盘峡水库	1980-12	0.49	0.118 3
河口水库	2011-06	0.163 8	0.027 5
柴家峡水库	2008-12	0.166	0.149 0
小峡水库	2004-09	0.48	0.340 0
大峡水库	1998-06	0.9	0.350 0
乌金峡水库	2009-06	0.236 8	0.146 5
沙坡头水库	2004-09	0.26	
青铜峡水库	1967-08	7.35	0.07

　　盐锅峡和八盘峡水库分别建成于1961年和1980年,死库容早已淤满。据水库管理部门提供的信息,2004~2011年两水库基本冲淤平衡,但2012年分别冲刷1 463万 m^3 和882万 m^3。

　　河口水库2011年投运,但其死库容只有275万 m^3,目前已没有拦沙能力。

　　沙坡头水库建成于2004年9月,总库容0.26亿 m^3,死库容极小。由实测数据看,2005~2013年,该水库大体冲淤平衡。

　　青铜峡水库自1991年以来采用汛期沙峰"穿堂过"、汛末拉沙的运用方式,其中

2007～2012年年均拉沙703万t,以维持水库的有效库容。据2007～2014年下河沿、泉眼山、青铜峡等三站实测输沙量和同期宁夏灌区引沙量判断,下河沿和泉眼山合计年均来沙4 642万t、青铜峡年均出库3 763万t、灌区引沙770万t,即同期青铜峡水库年均淤积量应不超过100万t。

综上分析,2007～2011年,该河段水库年均淤积约100万t;2012年,但由于盐锅峡和八盘峡水库利用大洪水排沙,盐锅峡—青铜峡区间总体表现为冲刷3 050万t。

2.2.1.4　头道拐—花园口河段

1. 万家寨水库

万家寨水利枢纽位于黄河北干流托克托至龙口峡谷河段,左岸隶属山西省偏关县,右岸隶属内蒙古自治区准格尔旗,是一座以供水、发电为主,兼有防洪、防凌等效益的大型水利枢纽。每年向内蒙古和山西供水14亿m³。工程于1993年立项,1994年底主体工程开工,1995年12月截流,1998年10月1日蓄水。

水库坝址控制流域面积39.5万km²,总库容8.96亿m³,调节库容4.45亿m³,防洪库容5.0亿m³,死库容4.45亿m³,多年平均流量790 m³/s,多年平均输沙量1.49亿t;年供水量14亿m³,其中向内蒙古自治区准格尔旗供水2.0亿m³,向山西平朔供水5.6亿m³,向太原供水6.4亿m³。

利用断面法,计算得到2007～2013年水库年均淤积量为0.278亿t。

2. 龙口水库

黄河龙口水利枢纽工程位于黄河北干流托克托—龙口河段尾部,左岸是山西省忻州市的偏关县和河曲县,右岸为内蒙古自治区鄂尔多斯市的准格尔旗。枢纽坝址距上游已建的万家寨水利枢纽26 km,距下游已建的天桥水电站约70 km。作为万家寨水电站的反调节水库,枢纽建成后拟就近投入晋、蒙电网,参与系统发电调峰,确保黄河龙口—天桥区间不断流,兼有滞洪削峰等综合利用效益。

黄河龙口水利枢纽工程属大(2)型规模,主要建筑物为2级建筑物。水库正常运用的洪水标准按百年一遇设计(洪水泄量7 561 m³/s),千年一遇校核(洪水泄量8 276 m³/s)。坝址控制流域面积39.74万km²,多年平均径流量178.1亿m³,多年平均输沙量0.18亿t。水库总库容1.96亿m³,调节库容0.71亿m³,兴利库容0.685亿m³,死库容0.025亿m³。

利用断面法,计算得到2012～2013年库区年均淤积量为0.295亿t。

3. 三门峡水库

三门峡水利枢纽工程是黄河干流上兴建的第一座以防洪为主要目标的综合利用水利工程,1960年9月开始蓄水运用,后经两次改建扩大泄流规模,于1973年底水库开始采取"蓄清排浑"调水调沙控制运用方式。

三门峡水库大断面测量数据比较系统,利用断面法,计算得到2007～2013年水库潼关以下库区年均淤积量为 -0.024亿t,水库处于微冲状态。

4. 小浪底水库

小浪底水库已于1999年10月下闸蓄水投入运用。小浪底水利枢纽位于黄河干流最后一个峡谷的下口,上距三门峡大坝130 km,控制流域面积69.4万km²(占黄河流域总面积的 92%），控制黄河 90% 的水量和几乎全部的泥沙，具有承上启下的作用，是防治黄河下游水害、开发黄河水利的重大战略措施。枢纽的开发任务为：以防洪（包括防凌）减淤为主，兼顾供水、灌溉和发电，除害兴利，综合利用。小浪底水库正常蓄水位 275 m，总库容 126.5 亿 m^3，其中长期有效库容 51 亿 m^3（防洪库容 40.5 亿 m^3，调水调沙库容 10.5 亿 m^3），拦沙库容 75.5 亿 m^3。

利用输沙率法，计算得到 2007～2013 年水库年均淤积量为 1.911 亿 t。

2.2.2 渭河流域水库拦沙量

课题组先后到泾河、葫芦河和渭河等河段相关水库进行了实地查勘，又分别到陕西省水利厅、固原市水文水资源勘测局、天水水文站、陕西省渭河流域管理局、巴家嘴水利枢纽管理局、石头河水库管理局、黑河金盆水库管理局等单位收集了水库淤积资料。目前，大型水库 5 座，共收集到 5 座水库淤积量数据；中型水库 46 座，共收集到 43 座水库淤积量数据；小型水库 568 座，共收集到 202 座水库淤积资料。另外，部分水库淤积情况参考"水沙基金"和"黄河流域水库泥沙淤积调查报告"（1992）成果数据，渭河流域水库淤积数据收集情况见表 2-25。

表 2-25　渭河流域水库淤积数据收集情况

类型	数量（座）	有数据（座）	无数据（座）
大型水库	5	5	0
中型水库	46	43	3
小型水库	568	202	366
合计	619	250	369

2.2.2.1　水库淤积计算及分析

1. 大型水库

渭河流域共有大型水库 5 座，分别是巴家嘴水库、冯家山水库、金盆水库、石头河水库和羊毛湾水库，各水库具体情况如下。

1）巴家嘴水库

巴家嘴水库位于甘肃省境内泾河支流蒲河中游，距庆阳市所在地西峰区 19 km，是一座集防洪、供水、灌溉、发电为一体的大（2）型水利枢纽工程，水库控制流域面积 3 478 km^2，多年平均径流量 1.268 亿 m^3。水库大坝为黄土均质坝，于 1955 年 9 月开始兴建，1960 年 2 月截流，1962 年 7 月建成。水库防洪标准按 100 年一遇洪水设计，2000 年一遇洪水校核。初建坝高 58 m，坝顶高程 1 108.7 m，相应库容 2.57 亿 m^3。

水库调度原则和程序如下：

（1）调度原则。

汛初、汛末遵循"蓄清排浑、异重流排沙"的调度原则，主汛期严格遵循"空库度汛"的调度原则。

（2）调度程序。汛期始末遇到 20 年一遇以上洪水时，视情况开启增建泄洪洞、旧泄洪洞、输水洞泄洪；主汛期三洞敞开泄洪，必要时溢洪道参与泄洪，严禁下闸蓄水。当预报水库上游发生洪水时，水库管理所及时向省、市防汛抗旱指挥部、水务局报告水情、汛情、工情，并严格按照上级批准的调度运行计划和防汛抗旱指挥部的调度指令进行调度。

经过 1965 年、1973 年、2009 年三次加高，现坝高 75.6 m，坝顶宽 6.0 m，长 565 m，总库容 5.4 亿 m^3，有效库容 2.1 亿 m^3，截至 2013 年总淤积量为 3.339 亿 m^3，库容淤损率为 61.83%。

2）冯家山水库

冯家山水库位于渭河支流千河下游的陈仓、凤翔、千阳三县（区）交界处，是陕西省关中地区最大的蓄水工程。冯家山水库工程于 1970 年动工兴建，1974 年下闸蓄水，同年 8 月向灌区供水灌溉，1980 年整个工程基本建成，1982 年 1 月竣工交付使用。该工程是以农业灌溉及工业、城市居民生活供水为主，兼作防洪、发电等综合利用的大（2）型水利工程。

水库控制流域面积 3 232 km^2，占全流域面积的 92.5%，总库容 4.85 亿 m^3，兴利库容 2.86 亿 m^3，死库容 0.91 亿 m^3，建库至 2013 年总淤积量为 0.980 亿 m^3，库容淤损率为 22.95%。

3）金盆水库

金盆水库枢纽工程位于黑河峪口以上约 1.5 km 处，距西安市 86 km，是一座以城市供水为主，兼顾农灌、发电、防洪等综合利用的大（2）型水利工程。枢纽由拦河坝、泄洪洞、溢洪道、引水洞、坝后电站及古河道防渗工程等建筑物组成。水库按百年一遇洪水标准（$Q = 3 600$ m^3/s）设计，两千年一遇洪水（$Q = 6 400$ m^3/s）校核。水库控制流域面积 112.6 km^2，多年平均径流量 4 520 万 m^3，水库总库容 2.0 亿 m^3，正常高水位 594.0 m，汛限水位 593.0 m，设计、校核洪水位分别为 594.34 m 和 597.18 m。

水库控制流域面积 112.6 km^2，总库容 2 亿 m^3，兴利库容 0.075 亿 m^3，死库容 0.043 亿 m^3。

4）石头河水库

石头河水库位于岐山、眉县、太白县三县交界处，渭河南岸支流石头河上的斜峪关上游 1.5 km 处，北距蔡家坡 20 km。工程以灌溉为主，兼具发电和防洪效益，是陕西省关中西部地区实现南水北调以解决渭北黄土高原缺水问题的一座大型水利工程。石头河水利枢纽大坝是亚洲第一高黏土心墙土石坝，最大坝高 114 m。水电站装机容量 4.95 万 kW，设计灌溉面积 8.5 万 hm^2。工程于 1971 年 10 月开工，1989 年 10 月完工。坝址控制流域面积 673 km^2，多年平均降水量 746.6 mm，多年平均流量为 14.1 m^3/s，多年平均径流量 4.48 亿 m^3，多年平均输沙量 16.37 万 t，总库容 1.47 亿 m^3，有效库容 1.2 亿 m^3，水库年调整水量 2.7 亿 m^3，死库容 0.050 亿 m^3。大坝按百年一遇洪水设计，流量为 2 690 m^3/s；千年一遇洪水校核，流量为 4 620 m^3/s。枢纽主要由拦河坝、溢洪道、泄洪隧洞、引水隧洞和水电站组成。

5）羊毛湾水库

羊毛湾水库位于陕西乾县石牛乡羊毛湾村北的渭河支流漆水河上，是一座以灌溉为主,兼顾防洪、养殖等综合利用的大型水利工程,水库枢纽工程由大坝、输水洞、溢洪道和泄水底洞四部分组成,总库容 1.2 亿 m^3,有效库容 0.522 0 亿 m^3。羊毛湾水库坝址以上控制流域面积 1 100 km^2,多年平均径流量 0.85 亿 m^3。建库至 2013 年总淤积量为 0.301 亿 m^3,库容淤损率为 23.41%。

羊毛湾水库于 1958 年动工建设,历经 12 年,于 1970 年建成,先后于 1986 年、2000 年两次对羊毛湾水库进行除险加固。为补充水库水源,于 1995 年建成"引冯济羊"输水工程,每年可由冯家山水库向羊毛湾水库输水 3 000 万 m^3,有效解决水库水源不足问题。水库按多年调节设计,以灌溉为主,兼顾防洪、养殖等。

由于石头河水库和金盆水库拦截的主要是粒径较粗的沙石混合物,水库拦沙对减少进入黄河干流泥沙(悬移质)基本没有影响,故以后的研究未将 2 座水库的淤积量计算在内。截至 2013 年,渭河流域 3 座大型水库,合计总库容 10.870 亿 m^3,累计淤积量 4.636 亿 m^3,库容淤损率为 42.65%。渭河流域大型水库淤积情况见表 2-26。

表 2-26　渭河流域大型水库淤积情况

区间		数量（座）	控制流域面积（km^2）	总库容（亿 m^3）	死库容（亿 m^3）	累计淤积量（亿 m^3）	淤损率（%）
多沙区	渭河拓石以上/葫芦河	0	0	0		0	0
	渭河拓石以上/其他	0	0	0		0	0
	泾河景村以上	1	3 478	5.400	0.675	3.355	62.13
	北洛河刘家河以上	0	0	0		0	0
少沙区	拓石—咸阳	2	4 332	5.470	1.060	1.281	23.42
	景村—张家山	0	0	0		0	0
	刘家河—洑头	0	0	0		0	0
咸阳—渭河入黄口	渭河咸阳以下	0	0	0		0	0
	泾河张家山—桃园	0	0	0		0	0
	北洛河洑头以下	0	0	0		0	0
合计		3	7 810	10.870	1.735	4.636	42.65

2. 中型水库

截至 2013 年,渭河流域共建成中型水库 46 座。其淤积测量时间不统一,测淤次数也有多有少。其中,7 座水库进行了 4 次淤积测量,测淤时间分别为 1989 年、1997 年、2007 年和 2011 年,16 座水库进行了 2 次淤积测量,测淤时间为 1990 年左右及 2000 年前后;23 座水库进行了 1 次淤积测量。另外,部分水库在 1990 年前后测过淤积量,还有部分水库参照"水沙基金"已有成果。渭河流域研究区 46 座中型水库控制流域面积 33 857 km^2,总库容为 13.023 亿 m^3,建库至 2013 年累计淤积量为 4.681 亿 m^3,库容淤损率为 35.95%,见表 2-27。

表 2-27　渭河流域中型水库淤积情况

区间		数量（座）	控制流域面积（km²）	总库容（亿 m³）	累计淤积量（亿 m³）	淤损率（%）
多沙区	渭河拓石以上/葫芦河	10	3 042	2.874	1.525	53.06
	渭河拓石以上/其他	1	107	0.12	0.012	10.00
	泾河景村以上	10	18 355	2.001	0.525	26.24
	北洛河刘家河以上	0	0	0	0	0
少沙区	拓石—咸阳	12	7 624	4.205	1.504	35.77
	景村—张家山	0	0	0	0	0
	刘家河—洑头	5	1 638	1.461	0.313	21.42
咸阳—渭河入黄口	渭河咸阳以下	8	3 091	2.361	0.802	33.97
	泾河张家山—桃园	0	0	0	0	0
	北洛河洑头以下	0	0	0	0	0
合计		46	33 857	13.022	4.681	35.95

3. 小型水库

截至 2013 年,渭河流域共建成小型水库 568 座,水库控制流域面积 63 099.4 km²,总库容为 9.827 亿 m³,建库至 2013 年累计淤积量为 4.089 亿 m³,库容淤损率为 41.61%。渭河流域小型水库淤积情况见表 2-28。

表 2-28　渭河流域小型水库淤积情况

区间		数量（座）	控制流域面积（km²）	总库容（亿 m³）	累计淤积量（亿 m³）	淤损率（%）
多沙区	渭河拓石以上/葫芦河	101	3 426.51	2.302	1.088	47.26
	渭河拓石以上/其他	11	257.83	0.235	0.052	22.13
	泾河景村以上	95	5 445.42	2.162	0.819	37.88
	北洛河刘家河以上	1	0.2	0.069	0.010	14.49
少沙区	拓石—咸阳	117	45 169.48	1.398	0.558	39.91
	景村—张家山	9	659.25	0.127	0.060	47.24
	刘家河—洑头	56	1 557.54	0.972	0.318	32.72
咸阳—渭河入黄口	渭河咸阳以下	140	5 546.75	1.967	0.932	47.38
	泾河张家山—桃园	29	875.42	0.466	0.224	48.07
	北洛河洑头以下	9	161	0.129	0.028	21.71
合计		568	63 099.4	9.827	4.089	41.61

2.2.2.2 水库逐年淤积量

针对渭河流域水库资料获取情况,对水库淤积总量进行了分析计算。截至2013年,渭河流域水库累计淤积总量为13.381亿m^3。按时段划分,1954～1965年流域建成水库100座,新增库容10.709亿m^3,该时段年均淤积量为0.087亿m^3;1966～1975年新建水库299座,新增库容16.004亿m^3,累计库容26.713亿m^3,该时段流域年均淤积量为0.228亿m^3;1996～2005年新建水库29座,新增库容1.295亿m^3,累计库容32.796亿m^3,该时段年均淤积量为0.204亿m^3;2006～2013年新建水库16座,新增库容0.923亿m^3,流域合计总库容33.719亿m^3,该时段全部水库年均淤积量为0.205亿m^3。流域水库不同时段淤积情况见表2-29。

表2-29　流域水库不同时段淤积情况

区间	时段	新增水库 (座)	新增库容 (亿m^3)	水库总量 (座)	累计库容 (亿m^3)	年均淤积量 (亿m^3)
渭河流域	1954～1965	100	10.709	14	10.709	0.087
	1966～1975	299	16.004	96	26.713	0.228
	1976～1985	156	4.344	166	31.057	0.325
	1986～1995	17	0.444	176	31.501	0.312
	1996～2005	29	1.295	193	32.796	0.204
	2006～2013	16	0.923	202	33.719	0.205

结合渭河各个区间水文站历年输沙量资料,对各水库的时段年均淤积量进行加权修正,获得各个水库的逐年淤积量,进而求和获得渭河流域水库逐年淤积量,见图2-13。

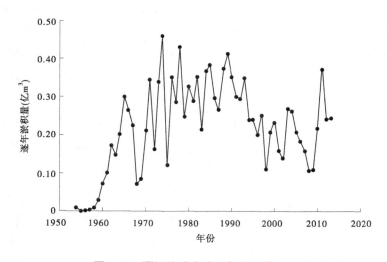

图2-13　渭河流域水库逐年淤积量

2.2.3 汾河流域水库拦沙量

课题组先后到汾河及其主要支流等地进行了实地查勘,又分别到山西省水利厅、运城市水利局等单位收集了水库淤积资料。目前,大型水库共收集到2座水库淤积资料;中型水库淤积资料收集较全,13座中型水库淤积数据收集齐全;小型水库淤积数据收集较齐全,共收集到110座水库的淤积数据。另外,部分水库淤积情况同时参考"水沙基金"成果数据,汾河流域水库淤积数据收集情况见表2-30。

表2-30　汾河流域水库淤积数据收集情况

水库	数量(座)	有数据(座)	无数据(座)
大型水库	3	2	1
中型水库	13	13	0
小型水库	122	110	12
合计	138	125	13

2.2.3.1 水库淤积计算及分析

1. 大型水库

汾河流域共建成大型水库3座,分别是汾河水库、汾河二库和文峪河水库。各水库简要情况介绍如下。

1)汾河水库

汾河水库位于太原市西北娄烦县境内下静游村至下石家庄之间,在汾河干流上游。南北长15 km,东西宽5 km,总面积32 km²。汾河水库于1958年11月25日全面动工,1958年7月拦洪蓄水,1960年竣工。汾河水库控制流域面积5 268 km²,总库容7.33亿m³,兴利库容为2.47亿m³,死库容为0.035亿m³,多年平均流量21.9 m³/s。设计洪水流量3 670 m³/s,汾河水库枢纽工程,是一座以防洪、灌溉为主,兼顾发电、养鱼的大(2)型综合水利枢纽。截至2013年,水库累计淤积3.833亿m³,库容淤损率为52.29%。

2)汾河二库

汾河二库位于汾河干流上游下段,坝址位于太原市郊区悬泉寺附近。该水库是以防洪为主,兼顾城市供水、灌溉和发电综合利用的大型水库。水库枢纽工程由碾压混凝土重力坝的挡水坝段与溢流坝段、底孔、供水发电隧洞和水电站所组成。水库控制流域面积2 348 km²(一库—二库区间),总库容1.33亿m³,其中防洪库容0.246亿m³,兴利库容0.734亿m³,死库容0.35亿m³,多年平均径流量1.45亿m³,百年一遇洪峰流量5 090 m³/s,千年一遇洪峰流量7 702 m³/s。水库建成年代较近,且距离汾河水库较近,近年来淤积不明显。

3)文峪河水库

文峪河水库位于文水县开栅镇北峪口村西,水库从1959年11月15日开工,1961年6月12日拦洪,1970年6月竣工。

水库控制流域面积为1 876 km²,多年平均径流量1.7亿m³,多年平均输沙量108万t。水库总库容1.166亿m³,其中防洪库容0.26亿m³,兴利库容0.402亿m³,死库容

0.055 4亿 m³。百年一遇设计洪水洪峰流量 1 452 m³/s,两千年一遇校核洪水洪峰流量 2 738m³/s。建库以来累计淤积量为 0.258 亿 m³,库容淤损率为 22.04%。

　　2. 中小型水库

　　截至 2013 年,汾河流域共建成中型水库 13 座,小型水库 122 座,合计总库容为 7.453 亿 m³,建库至 2013 年累计淤积量为 1.428 亿 m³,库容淤损率为 19.16%。

2.2.3.2　水库逐年淤积量

　　针对汾河流域水库资料获取情况,对水库淤积总量进行了分析计算。截至 2013 年,流域水库淤积总量为 5.369 亿 m³。按时段划分,1956～1965 年流域新建成水库 33 座,新增库容 11.454 亿 m³,该时段流域年均淤积量为 0.122 亿 m³;1966～1975 年新建水库 62 座,新增库容 2.953 亿 m³,已建成水库年均淤积量为 0.159 亿 m³;1996～2005 年新建水库 3 座,新增库容 1.398 亿 m³,累计库容为 17.256 亿 m³,该时段年均淤积量为 0.045 亿 m³;2006～2013 年新建水库仅 2 座,新增库容 0.027 亿 m³,该时段已建成水库年均淤积量为 0.027 亿 m³。汾河水库各时段淤积情况见表 2-31。

表 2-31　汾河水库各时段淤积情况

区间	时段(年)	新增水库(座)	新增库容(亿 m³)	水库总量(座)	累计库容(亿 m³)	年均淤积量(亿 m³)
汾河流域	1956～1965	33	11.454	33	11.454	0.122
	1966～1975	62	2.953	95	14.407	0.159
	1976～1985	35	1.406	130	15.813	0.123
	1986～1995	3	0.045	133	15.858	0.067
	1996～2005	3	1.398	136	17.256	0.045
	2006～2013	2	0.027	138	17.283	0.027

　　结合河津水文站历年输沙量资料,对各水库的时段年均淤积量进行加权修正,获得各个水库的逐年淤积量,进而求和获得汾河流域水库逐年淤积量,见图 2-14。

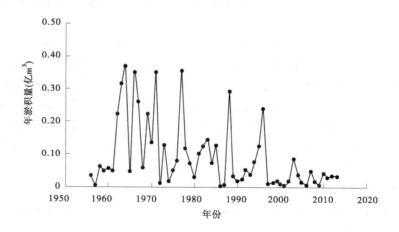

图 2-14　汾河流域水库逐年淤积量

2.2.4　河龙区间支流水库拦沙量

课题组先后到相关水库现场进行了实地查勘,又分别到陕西、内蒙古和山西水利厅、水文局(水文站)单位收集了水库淤积资料。共收集到 2 座大型水库淤积数据;中型水库43 座,共收集到 34 座水库淤积资料;小型水库 158 座,共收集到 58 座水库淤积资料。另外,部分水库淤积数据参考"水沙基金"和"黄河流域水库泥沙淤积调查报告(1992)"已有成果,河龙区间水库淤积数据收集情况见表 2-32。

表 2-32　河龙区间水库淤积数据收集情况　　　　　　　　　　　(单位:座)

类型	数量	有数据	无数据
大型水库	2	2	0
中型水库	43	34	9
小型水库	158	58	100
合计	203	94	109

2.2.4.1　水库淤积计算及分析

1. 大型水库

河龙区间共建成大型水库 4 座,其中支流建成水库 2 座,分别是王瑶水库和巴图湾水库。各水库简要情况介绍如下。

1)王瑶水库

王瑶水库位于延河支流杏子河中游,1970 年 10 月动工兴建,1972 年 9 月主体工程完工。水库坝高 55 m,枢纽工程由大坝、旧泄洪洞、新泄洪洞、输水洞、电站、渠首倒虹工程六部分组成,是一座以防洪和供水为主,兼有灌溉、发电等综合利用的大(2)型水库。

水库总库容为 2.03 亿 m^3,坝址以上控制流域面积 820 km^2,占总流域面积的 55.3%,从坝址到最远分水岭长 54 km,河道比降 4.2‰,平均海拔 1 400 m。杏子河流域属黄土高原丘陵沟壑区,气候干燥,旱、冻、雹、洪灾害频繁,植被差,水土流失严重。王瑶水库库区土壤年侵蚀模数为 1.24 万 t/km^2,水土流失严重。

蓄洪排沙运用阶段(2006 年 9 月至 2011 年 12 月),水库采用蓄洪(异重流)排沙运用,历时 6 年多,水库入库沙量 1 638.46 万 m^3,出库沙量 453.93 万 m^3。该时段淤积1 184.53万 m^3,不但淤满了空库时期形成的槽库容,而且新增淤积 319.53 万 m^3,截至2013 年累计淤积量 13 359 万 m^3,淤损率为 65.8%。

2)巴图湾水库

巴图湾水库位于鄂尔多斯市乌审旗境内,地处毛乌素沙地南部边缘,黄河一级支流无定河的上游。巴图湾水库工程始建于 1972 年,完建交付使用于 1972 年,是一座以发电为主,兼顾防洪、灌溉、水产养殖、生态等综合利用的中型水库枢纽工程。水库承担着上游金鸡沙、二层圪台、黑老婆、大沟湾、古城拦沙水库溃坝的防洪任务,保护下游内蒙古乌审旗及陕西省等任务。

水库坝址控制流域面积 395 000 km^2,总库容为 1.034 亿 m^3,兴利库容 0.610 亿 m^3,死库容 0.768 亿 m^3,为大(2)型水库。水库设计洪水标准为 100 年一遇,校核洪水标准为

2 000年一遇。校核洪水位1 183.10 m,调洪库容5 583万 m^3,设计洪水位1 180.80 m,正常高水位1 179.60 m。经分析计算该河流多年平均径流量为7 244万 m^3,巴图湾水库多年平均来沙量为41.5万 m^3。2007～2011年年均淤积0.052亿 m^3,截至2013年累计淤积0.533亿 m^3,库容淤损率为51.5%。河龙区间大型水库淤积情况见表2-33。

表2-33　河龙区间大型水库淤积情况

河流水系	数量（座）	控制流域面积（km²）	总库容（亿 m³）	累计淤积量（亿 m³）	淤损率（%）
无定河	1	3 421	1.034	0.533	51.5
延河	1	820	2.030	1.336	65.8
合计	2	4 241	3.064	1.869	61.0

2. 中小型水库

截至2013年,河龙区间共建成中小型水库201座,水库控制流域面积31 190.66 km^2,总库容为22.669亿 m^3,建库以来总淤积量为4.677亿 m^3,库容淤损率为48.58%。河龙区间各水系中小型水库淤积情况见表2-34。

表2-34　河龙区间各水系中小型水库淤积情况

支流	数量（座）	水库控制流域面积(km²)	总库容（亿 m³）	死库容（亿 m³）	累计淤积量（亿 m³）	淤损率（%）
鄂河	2	30.65	0.026	0.006	0.006	23.08
孤山川	2	28.5	0.087	0.025	0.033	37.93
红河	22	8 689.65	2.777	0.192	2.478	89.23
皇甫川	16	1101.49	0.483	0.061	0.120	24.84
佳芦河	1	135	0.089	0.018	0.065	73.03
窟野河	12	1 005.16	1.400	0.144	0.246	17.57
岚漪河	2	2 171	0.297	0.029	0.155	52.19
清涧河	4	261.2	0.844	0.087	0.645	76.42
清水河	1	24	0.043	0.008	0.006	13.95
湫水河	5	374.2	0.311	0.069	0.075	24.12
屈产河	1	97.4	0.078	0.022	0.038	48.72
三川河	4	1 376.5	1.163	0.344	0.105	9.03
仕望河	3	185	0.090	0.009	0.006	6.67
秃尾河	7	830.1	0.190	0.048	0.042	22.21
未控区	13	293	0.416	0.113	0.102	24.52
蔚汾河	2	459	0.202	0.054	0.027	13.37

支流	数量（座）	水库控制流域面积（km²）	总库容（亿 m³）	死库容（亿 m³）	累计淤积量（亿 m³）	淤损率（%）
无定河	93	13 302.05	13.671	3.369	6.625	48.46
昕水河	1	257.6	0.061	0.006	0.012	19.67
延河	5	156.86	0.224	0.030	0.137	61.16
云岩河	3	236.3	0.063	0.002	0.041	65.08
朱家川	2	176	0.154	0.041	0.049	31.82
合计	201	31 190.66	22.669	4.677	11.013	48.58

2.2.4.2 水库逐年淤积量

针对河龙区间各支流水库资料获取情况，对水库淤积量进行了分析计算。截至 2013 年，流域水库累计淤积总量为 12.924 亿 m³。按时段划分，1957～1965 年流域新建成水库 17 座，新增库容 2.425 亿 m³，该时段流域年均淤积量为 0.018 亿 m³；1966～1975 年新建水库 81 座，新增库容 10.410 亿 m³，累计总库容为 12.835 亿 m³，该时段流域全部水库年均淤积量为 0.717 亿 m³；1976～1985 年新建水库 70 座，新增库容 6.547 亿 m³，累计水库总量为 168 座，累计总库容为 19.382 亿 m³，该时段水库年均淤积量为 0.413 亿 m³；2006～2013 年新建水库仅 10 座，新增库容 3.270 亿 m³，流域已建成水库年均淤积量为 0.254 亿 m³。不同时段支流水库淤积情况见表 2-35。

表 2-35 不同时段支流水库淤积情况

区间	时段（年）	新增水库（座）	新增库容（亿 m³）	水库总量（座）	累计库容（亿 m³）	年均淤积量（亿 m³）
河龙区间	1957～1965	17	2.425	17	2.425	0.018
	1966～1975	81	10.410	98	12.835	0.717
	1976～1985	70	6.547	168	19.382	0.413
	1986～1995	9	0.297	177	19.679	0.359
	1996～2005	16	3.709	193	23.388	0.225
	2006～2013	10	3.270	203	26.658	0.254

结合河龙区间各个支流水文站历年输沙量资料，对各水库的时段年均淤积量进行加权修正，获得各个水库的逐年淤积量，进而求和获得河龙区间水库逐年淤积量，见图 2-15。

2.2.5 黄河上游主要支流水库拦沙量

课题组先后到相关水库现场进行了实地查勘，又分别到宁夏、甘肃和青海省水利厅、各地水文局等单位收集了水库淤积资料。苦水河、湟水流域上大多为小型水库，没有淤积资料。洮河流域的水库多以发电为主要功能，大型水库归口管理部门是电力部门，淤积资

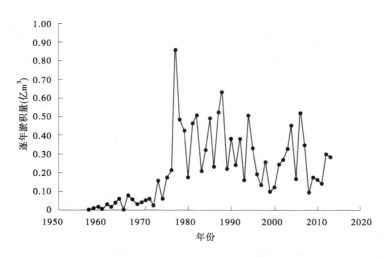

图 2-15　河龙区间支流水库逐年淤积量

料少之又少。另外,部分水库淤积情况参考"水沙基金"和"黄河流域水库泥沙淤积调查报告(1992)"已有成果数据,各支流流域水库淤积资料收集情况如表 2-36 所示。

表 2-36　各支流流域水库淤积资料收集情况　（单位:座）

流域	数量	有数据	无数据
清水河	121	27	94
苦水河	4	0	0
洮河	29	5	24
湟水	116	10	106
祖厉河	16	9	5

2.2.5.1　水库淤积计算及分析

1. 清水河

清水河流域共建成大型水库 3 座(寺口子水库、石峡口水库和长山头水库),水库控制流域面积 5 932 km^2,总库容 6.596 亿 m^3,死库容 3.683 亿 m^3,至 2013 年累计淤积 2.309 亿 m^3,库容淤损率为 35.01%。

寺口子水库(原州区)位于固原市原州区三营镇,建成于 1959 年,控制流域面积 1 022 km^2,总库容 1.052 亿 m^3,其中防洪库容 0.045 亿 m^3,兴利库容 0.216 亿 m^3,死库容 0.064 亿 m^3。建库以来分 4 个时段(1959~1970 年、1971~1980 年、1981~1988 年、1989~2013 年)进行了淤积测量,至 2013 年累计淤积量为 0.449 亿 m^3,库容淤损率为 42.74%。寺口子水库(原州区)淤积情况见表 2-37。

石峡口水库位于中卫市海原县高崖乡,建成于 1959 年,控制流域面积 1 910 km^2,总库容 2.494 亿 m^3,其中防洪库容 0.239 亿 m^3,死库容 1.143 亿 m^3。

表 2-37　寺口子水库(原州区)淤积情况

时段(年)	水库运行方式	淤积量(万 m³)	年均淤积量(万 m³)	淤损率(%)
1959~1970	滞洪蓄清	2 073	173	
1971~1980	滞洪蓄清	1 601	160	
1981~1988	排洪蓄清	185	23	
1989~2013	排洪蓄清	635	25.4	
1959~2013		4 494	81.7	42.74

长山头水库位于中卫市中宁县大战场乡,建成于 1960 年,控制流域面积 3 000 km²,总库容 3.050 亿 m³,其中防洪库容 0.587 亿 m³,死库容 2.476 亿 m³。

清水河流域水库淤积情况见表 2-38。截至 2013 年,流域共建成中型水库 15 座,控制流域面积 3 963 km²,累计淤积 1.073 亿 m³,库容淤损率为 27.08%;小型水库 103 座,控制流域面积 4 176 km²,至 2013 年累计淤积 0.782 亿 m³,库容淤损率为 29.87%;流域各类水库累计淤积量为 4.164 亿 m³,库容淤损率为 31.60%。

表 2-38　清水河流域水库淤积情况

类型	数量(座)	控制流域面积(km²)	总库容(亿 m³)	死库容(亿 m³)	累计淤积量(亿 m³)	淤损率(%)
大型水库	3	5 932	6.596	3.683	2.309	35.01
中型水库	15	3 963	3.962	1.202	1.073	27.08
小型水库	103	4 176	2.618	0.749	0.782	29.87
合计	121	14 071	13.176	5.634	4.164	31.60

2. 洮河

洮河流域的水库相对较少,且多以发电为主要功能,大型水库归口管理部门是电力部门。已建成 29 座水库,其中大型水库 1 座,中型水库 3 座,仅 2 座水库有淤积量数据,无法用以推求其他无资料水库的淤积量。

3. 湟水

截至 2013 年,湟水流域共建成水库 116 座,其中民和水文站以上 98 座,总库容 3.602 亿 m³,死库容 0.254 亿 m³,累计淤积量 0.033 亿 m³;享堂水文站以上水库 18 座,总库容为 0.388 亿 m³,死库容 0.135 亿 m³,累计淤积量 0.141 亿 m³,库容淤损率为 36.34%。清水河流域水库淤积情况见表 2-39。

表 2-39　清水河流域水库淤积情况

区间	数量(座)	控制流域面积(km²)	总库容(亿 m³)	死库容(亿 m³)	累计淤积量(亿 m³)	淤损率(%)
民和以上	98	4 030.86	3.602	0.254	0.033	0.92
享堂以上	18	94 469.94	0.388	0.135	0.141	36.34
合计	116	98 500.8	3.990	0.389	0.174	4.36

4. 祖厉河

截至 2013 年,祖厉河流域共建成水库 16 座,水库控制流域面积 655.31 km²,总库容为 0.383 亿 m^3,死库容 0.201 亿 m^3,至 2013 年累计淤积库容 0.261 亿 m^3,库容淤损率为 68.21%。

2.2.5.2 水库逐年淤积量

针对上游主要支流水库(因苦水河和洮河缺少水库淤积资料,本次计算没包括在内)资料获取情况,对水库淤积量进行了分析计算。截至 2013 年,主要支流水库累计淤积量为 4.602 亿 m^3。按时段划分,1958～1969 年流域新建成水库 36 座,新增库容 8.239 亿 m^3,该时段流域年均淤积量为 0.058 亿 m^3;1970～1979 年新建水库 117 座,新增库容 3.184 亿 m^3,该时段已建成水库年均淤积量为 0.081 亿 m^3;1980～1989 年新建水库 33 座,新增库容 1.117 亿 m^3,累计库容为 0.090 亿 m^3,已建成水库年均淤积量为 0.090 亿 m^3;2000～2013 年新建水库 42 座,新增库容 4.213 亿 m^3,累计库容 13.308 亿 m^3,该时段已建成水库年均淤积量 0.097 亿 m^3。不同时段主要支流水库淤积情况见表 2-40。

表 2-40　不同时段主要支流水库淤积情况

区间	时段	新增水库 (座)	新增库容 (亿 m^3)	水库总量 (座)	累计库容 (亿 m^3)	年均淤积量 (亿 m^3)
上游主 要支流	1958～1969	36	8.239	36	8.239	0.058
	1970～1979	117	3.184	153	11.424	0.081
	1980～1989	33	1.117	186	12.541	0.090
	1990～1999	25	0.767	211	13.308	0.090
	2000～2013	42	4.213	253	17.520	0.097

结合各个支流水文站历年输沙量资料,对各水库的时段年均淤积量进行加权修正,获得各个水库的逐年淤积量,进而求和得出上游主要支流(不包含苦水河和洮河)水库逐年淤积量,见图 2-16。

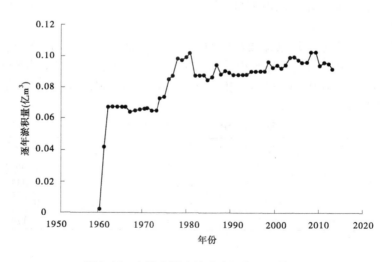

图 2-16　上游主要支流水库逐年淤积量

2.2.6　可靠性及合理性分析

（1）可靠性。

水库淤积量数据主要从各省、市级相关部门的整编资料、调查统计资料、实测资料以及其他一些已通过审查验收的研究成果中获取，具有较好的可靠性。

（2）合理性。

计算公式的合理性直接关系到淤积量推求成果的对错。对于缺乏实测淤积资料的水库，选择水土流失情况相似的一些水库淤积资料来验证。如图 2-17 所示，年淤积量与控制流域面积具备一定的正相关性，可见采用控制流域面积推求无资料水库的淤积量是合理的。

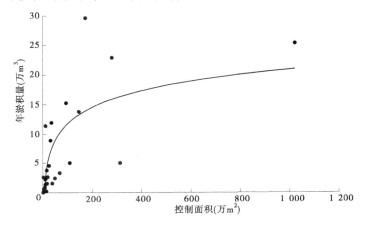

图 2-17　控制面积与年淤积量相关关系

缺少实测资料的水库多为中小型水库，而中小型水库大部分运行模式为滞洪蓄清或排洪蓄清模式，其淤积量受来水来沙量的影响较大。因此，采用支流水文站实测来沙量修正的逐年淤积量，既可以保证实测年份上的数据一致性，又能在一定程度上体现出各年份不同的水沙条件对水库淤积的影响。

2013 年底，有关单位对无定河流域的中型水库进行了一次较为全面的淤积测量，以此对本次推求淤积总量进行合理性分析。无定河流域已有淤积资料年份为 1990 年与 2002 年，本次收集资料的年份为 2013 年。

根据式（2-1）、式（2-2）与式（2-3）推求的无定河流域各中型水库 2013 年的淤积总量与 2013 年实测淤积量之间的关系如图 2-18 所示。可见，点大致分布在 45°线两侧附近，说明推算值与实测值虽有差异，但总体上较为接近。

对推算值与实测值之间的误差进行统计可知，误差在 10% 以内的数据占 44%，误差小于 30% 的数据占样本数量的 82%。推算值与实测值误差统计见表 2-41。

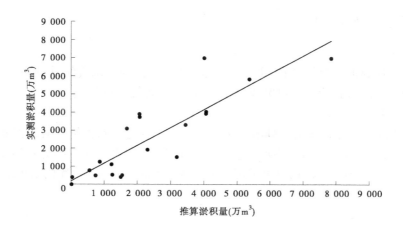

图 2-18　推算值与实测值比较

表 2-41　推算值与实测值误差统计

误差范围	偏多	偏少	淤积量差（万 m³）	
10% 以内	3	7	1 675.57	− 1 635.35
10% ~ 20%	2	1	600.58	− 701.25
20% ~ 30%	5	0	5 654.5	0
30% 以上	1	3	1 401.83	− 3 878.82
合计	11	11	9 332.48	− 6 215.42

　　2013 年淤积总量的推算值与实测值对比如表 2-42 所示,可见推算值在总量上略微偏大,总体上误差较小,仅为 6.20%。由此可见,采用式(2-1)、式(2-2)与式(2-3)进行水库淤积的推求,误差可以接受,成果总体可信,具有较好的可靠性。

表 2-42　2013 年淤积总量的推算值与实测值对比

淤积总量推算值（万 m³）	淤积总量实测值（万 m³）	差值（万 m³）	误差（%）
53 771.67	50 654.6	3 117.07	6.20

2.3　黄河来沙特点与水库分布关系

　　黄河流经不同的自然地理单元,流域地貌、地质等自然条件差别较大,造成了泥沙来源地区的不平衡性。图 2-19 给出了黄河干流重点水文站不同时期年均沙量沿程变化,从图 2-19 可以看出头道拐—龙门河段沙量增加量最大,其次是龙门—潼关河段,三门峡以后各站沙量沿程递减或变化不大。

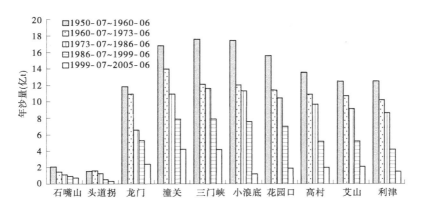

图 2-19 黄河干流重点水文站不同时期年均沙量沿程变化

表 2-43 给出了不同时期黄河干流重要水文站年平均（水文年）水沙量统计情况。1950 年 7 月至 1960 年 6 月,上游出口控制站头道拐年均沙量 1.51 亿 t,河龙区间产沙量 10.34 亿 t,龙潼区间产沙量 6.31 亿 t,下游主要支流来沙量共计约 0.49 亿 t;1960 年 7 月至 1965 年 6 月,上游出口控制站头道拐年均沙量 2.00 亿 t,河龙区间产沙量 7.75 亿 t,龙潼区间产沙量 5.40 亿 t,下游主要支流来沙量共计约 0.34 亿 t;1965 年 7 月至 1973 年 6 月,上游出口控制站头道拐年均沙量 1.37 亿 t,河龙区间产沙量 10.27 亿 t,龙潼区间产沙量 5.44 亿 t,下游主要支流来沙量共计约 0.15 亿 t;1973 年 7 月至 1986 年 6 月,上游出口控制站头道拐年均沙量 1.25 亿 t,河龙区间产沙量 5.30 亿 t,龙潼区间产沙量 4.36 亿 t,下游主要支流来沙量共计约 0.12 亿 t;1986 年 7 月至 1999 年 6 月,上游出口控制站头道拐年均沙量 0.47 亿 t,河龙区间产沙量 4.82 亿 t,龙潼区间产沙量 2.63 亿 t,下游主要支流来沙量共计约 0.03 亿 t;1999 年 7 月至 2005 年 6 月,上游出口控制站头道拐年均沙量 0.28 亿 t,河龙区间产沙量 2.10 亿 t,龙潼区间产沙量 1.82 亿 t,下游主要支流来沙量共计约 0.07 亿 t。

可见,黄河干流泥沙主要来源于头道拐—潼关区间,各时期该区间产沙总量约占干流泥沙总量的 90%。

为充分发挥水库的供水功能、尽可能延长水库的使用寿命,水库多建于水土流失轻微的泾渭洛河下游、河口镇到龙门区间风沙区、六盘山两侧和汾河流域东部山区(见图 2-20)。

表 2-43 不同时期黄河干流重要水文站年平均(水文年)水沙量统计情况

时段(年-月) 项目	1950-07~1960-06 水量(亿m³)	沙量(亿t)	1960-07~1965-06 水量(亿m³)	沙量(亿t)	1965-07~1973-06 水量(亿m³)	沙量(亿t)	1973-07~1986-06 水量(亿m³)	沙量(亿t)	1986-07~1999-06 水量(亿m³)	沙量(亿t)	1999-07~2005-06 水量(亿m³)	沙量(亿t)
黄河石嘴山	289.74	2.01	339.67	2.12	296.64	1.05	318.99	1.11	229.65	0.90	190.74	0.69
黄河头道拐	241.40	1.51	278.11	2.00	240.13	1.37	262.45	1.25	164.84	0.47	129.06	0.28
黄河龙门	315.10	11.85	344.31	9.75	299.61	11.64	306.17	6.55	206.62	5.29	158.47	2.38
区间主要支流 汾河河津	17.41	0.61	19.68	0.37	14.25	0.29	8.57	0.11	5.52	0.04	2.95	0
北洛河湫头	6.19	0.89	9.34	0.78	6.56	1.08	6.89	0.65	6.49	0.77	6.85	0.43
渭河华县	83.83	4.26	110.47	4.25	72.41	4.08	75.29	3.58	49.22	2.66	42.24	1.92
黄河潼关	423.24	16.78	484.55	13.58	380.04	14.18	397.21	10.91	263.69	7.92	197.67	4.20
黄河三门峡	426.11	17.60	479.05	7.16	388.43	15.23	397.33	11.62	260.54	7.89	174.26	4.15
黄河小浪底	436.66	17.46	493.51	7.23	391.86	15.03	398.41	11.35	258.68	7.59	189.74	1.20
区间主要支流 伊洛河黑石关	40.12	0.36	44.38	0.25	23.57	0.09	28.25	0.09	16.91	0.02	16.97	0.02
沁河武陟	15.57	0.13	19.68	0.10	7.92	0.06	5.99	0.06	4.00	0.01	5.99	0.05
黄河花园口	470.85	15.62	550.48	8.32	421.35	13.39	434.00	10.47	279.43	7.01	212.53	1.87
黄河高村	441.66	12.91	546.72	9.34	411.28	11.96	403.89	9.68	241.65	5.19	186.06	1.99
黄河艾山	462.66	11.84	570.52	9.69	402.21	11.41	382.21	9.16	212.79	5.21	159.55	2.09
黄河利津	452.28	13.04	571.54	10.07	385.71	10.35	337.29	8.67	153.94	4.15	106.11	1.50

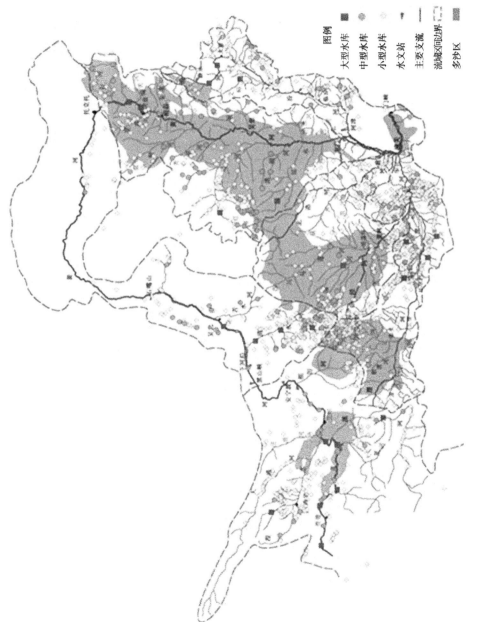

图 2-20　黄河流域潼关以上区间水库分布

2.4 河潼区间干支流水库近期拦沙综合分析

黄河天然年来沙量为16亿t(陕县站1919~1960年),约90%来自黄河中游的河口镇—潼关区间(简称河潼区间)。区间水库的建成和运用对黄河水沙情势影响较大,因此一直被当作影响黄河水沙变化的重要因素。考虑到资料的系统性,本节重点研究该区间2007~2011年时段水库拦沙情况。

2007~2011年,研究区水库合计拦沙3.78亿m³,其中大中型水库拦沙3.01亿m³,约占80%(见表2-44)。该结果与水库的空间分布有关:小型水库建设投资基本来自当地政府,供水是水库的主要任务,故其多分布在水土流失轻微地区。

表2-44 研究区水库拦沙量分析 (单位:亿m³)

时段	水库类型	河龙区间			渭河流域				汾河	合计
		黄河干流	支流	小计	渭河	泾河	北洛河	小计		
建库以来	大中型	5.26	9.75	15.01	3.77	3.80	0.23	7.80	5.54	28.35
	小型		1.97	1.97	2.13	0.60	0.40	3.13	0.55	5.65
2007~2011年	大中型	1.58	0.76	2.34	0.36	0.16	0.05	0.57	0.10	3.01
	小型		0.41	0.41	0.20	0.03	0.06	0.29	0.07	0.77

从淤积量的区间分布看,河龙区间水库2007~2011年拦沙量最大,为2.75亿m³,其中黄河干流的万家寨、龙口和天桥水库总拦沙量为1.57亿m³,占57%。

图2-21是研究区水库截至2011年的库容淤损率(指水库累积淤积量占总库容的百分比),图2-22为研究区大中型水库死库容与截至2011年拦沙量对比。由图2-21和图2-22可见,研究区大中型水库库容淤损率为40.7%、小型水库为41.4%;大中型水库的累积拦沙量均远大于死库容;黄河干流的万家寨和龙口水库尽管投入运行时间不长,但其死库容也将基本淤满。由此可见,未来若继续发挥现有水库的拦沙作用,只能靠牺牲水库的兴利库容获得。

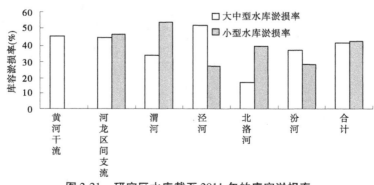

图2-21 研究区水库截至2011年的库容淤损率

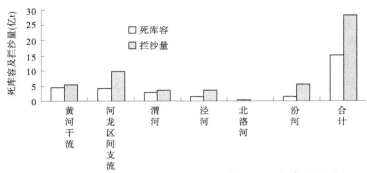

图 2-22　研究区大中型水库的死库容与截至 2011 年拦沙量对比

按淤积体的干容重为 1.3 t/m³ 计算,则 2007～2011 年研究区水库年均拦沙 0.982 亿 t,其中黄河干流 0.408 亿 t,该结果虽与前人提出的 1970～1984 年年均拦沙 1.171 亿 t 和 1990～1996 年年均拦沙 1.255 亿 t 相差不大,但有明显区别:此次提出的年均拦沙 0.982 亿 t 中,黄河干流水库拦沙占 41.5%。

水库拦沙具有明显的时效性。以拥有 2 座大型水库、12 座中型水库、69 座小型水库的宁夏清水河为例,其水库多建于 20 世纪 70 年代;随着水库淤满,至 20 世纪 90 年代中后期,清水河入黄沙量又大幅反弹(见图 2-23)。河潼区间多沙区支流的水库多建于 20 世纪 70 年代以前,至 20 世纪末基本失去拦沙能力,近年陆续开展的除险加固工作使部分水库重获新生。

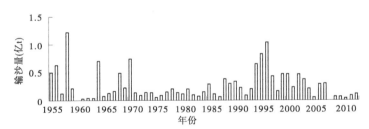

图 2-23　清水河泉眼山站实测输沙量变化

2012～2013 年,黄河潼关以上多地遭遇大范围强降雨,在此背景下,利用实测资料计算得到研究区干流水库年均拦沙增加至 0.424 亿 t/年。基于各支流 2007～2011 年和 2012～2013 年的实测输沙量,采用同比例放大或缩小的方法,对支流水库同期年均拦沙量进行了估算,结果为 0.84 亿 t/年。鉴于部分水库其间可能利用洪水排沙,故"0.84 亿 t/年"可视为支流水库在 2012～2013 年的最大可能拦沙量。

2.5　小　结

2.5.1　黄河干流水库分布及拦沙情况

截至 2013 年,黄河干流共建成水库 26 座,总库容为 603.05 亿 m³,死库容为 135.46

亿 m^3。其中,大型水库 13 座,库容 598.59 亿 m^3(占总库容的 99%),死库容 133.16 亿 m^3;中型水库 13 座,库容为 4.46 亿 m^3,死库容 2.30 亿 m^3。干流水库大部分建于上游区间,共 20 座,中游水库分布较少,共 6 座,下游没有水库。

2007～2013 年干流水库年均拦蓄泥沙约 2.585 亿 t。其中,龙羊峡水库年均淤积量为 0.20 亿 t,刘家峡水库该时期基本冲淤平衡,万家寨水库年均淤积量为 0.278 亿 t,三门峡水库潼关以下库区年均淤积量为 -0.024 亿 t,处于微冲状态,小浪底水库年均淤积量为 1.911 亿 t。

2.5.2 黄河支流水库分布及拦沙情况

黄河支流共建成水库 1 246 座,总库容 97.724 5 亿 m^3,死库容 21.143 9 亿 m^3。其中,渭河流域水库 619 座、总库容 37.189 2 亿 m^3;河龙区间支流水库 203 座、总库容 25.732 6 亿 m^3;汾河流域水库 138 座、总库容 17.282 8 亿 m^3;上游主要支流水库 286 座、总库容 17.519 9 亿 m^3。支流水库多建于 20 世纪 50 年代末至 70 年代末和 90 年代以后,建成水库大部分位于水土流失轻微的泾渭洛河下游和上游支流下游、河口镇到龙门区间风沙区、六盘山两侧、汾河流域东部山区、湟水中上游和清水河流域。

2007～2013 年支流水库年均拦蓄泥沙约 0.715 亿 t。其中,上游支流水库拦沙 0.125 亿 t,河龙区间支流水库拦沙 0.281 亿 t,渭河水库拦沙 0.270 亿 t,汾河水库拦沙 0.039 亿 t。截至 2013 年,支流水库累计拦沙量为 36.233 亿 m^3,其中渭河流域占 38.1%,河龙区间占 26.3%,汾河流域占 17.7%,上游支流占 17.9%(不含苦水河和洮河)。研究区水库库容淤损率为 37.1%,其中河龙区间支流水库库容淤损率最高,为 50.1%,其次渭河流域为 36.0%,汾河流域为 31.1%,上游支流水库库容淤损率最低(不含苦水河和洮河),为 26.3%。

参 考 文 献

[1] 汪岗,范昭.黄河水沙变化研究(第一卷)[M].郑州:黄河水利出版社,2002.

[2] 冉大川,左仲国,吴永红,等.黄河中游近期水沙变化对人类活动的响应[M].北京:科学出版社,2012.

[3] 熊贵枢,徐建华,顾弼生,等.黄河上中游水利水保工程减沙作用的预估[J].人民黄河,1988,10(1):3-6.

[4] 冉大川.黄河中游水土保持措施减沙量宏观分析[J].人民黄河,2006,28(11):39-41.

第 3 章　干支流河道泥沙冲淤及分布

3.1　黄河河道泥沙冲淤计算资料选取

河道冲淤量一般可以通过断面法或输沙率法计算得到。关于黄河下游输沙率法与断面法的差异问题,龙毓骞等研究指出:根据黄河下游实测输沙率资料统计河段冲淤量时,其结果与根据大断面资料得到的冲淤量及水位变化规律不符,而后两者的结果接近。例如,1961~1980 年小浪底至花园口河段,用断面法算得的淤积量为 1.5 亿 t,根据实测输沙率采用沙量平衡法算得的结果为 17.9 亿 t,后者如果平铺在铁谢至花园口河段上,平均要抬高 2~4 m,与实际不符。

黄河潼关—三门峡河段输沙率法与断面法得到的结果也存在类似差异。图 3-1 给出了潼关—三门峡断面法冲淤量、输沙率法冲淤量以及三个重要水位站汛后同流量变化情况,1973 年汛后潼关、坫埼、大禹渡同流量水位分别为 326.64 m、320.83 m 和 313.57 m,2004 年汛后潼关、坫埼、大禹渡同流量水位分别为 327.98 m、323.89 m 和 317.39 m,三站同流量水位均表现为持续小幅抬升。1973~2004 年断面法冲淤量为 2.19 亿 t,表现为淤积;1973~2004 年输沙率法冲淤量为 -7.47 亿 t,表现为冲刷。可见,库区三个重要水位站同流量水位表现特性与断面法冲淤量计算值变化特性接近,而输沙率法计算的冲淤量显示 1973 年后库区持续冲刷,不符合现实情况。

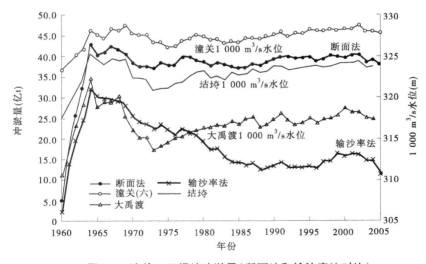

图 3-1　潼关—三门峡冲淤量(断面法和输沙率法对比)

综合上述分析,如果采用输沙率法进行黄河干流泥沙空间分布现状研究,可能会得出与实际不符的结论,不利于总结经验和指导生产。因此,对于有断面资料的河段,均采用断面法计算冲淤量;对于没有断面测量资料的河段,采用输沙率法计算冲淤量,结合水位变化等资料分析其合理性,对存在较大误差的资料进行适当修正。

3.2 不同历史时期黄河干流泥沙分布特点

综合考虑黄河干流水沙条件变化和过去统计时段划分习惯,黄河水沙分布的统计时段拟分为 1950 年 7 月至 1960 年 6 月(主要反映天然情况)、1960 年 7 月至 1965 年 6 月(主要反映三门峡水库蓄水拦沙运用影响)、1965 年 7 月至 1973 年 6 月(主要反映三门峡水库滞洪排沙运用影响)、1973 年 7 月至 1986 年 6 月(主要反映三门峡水库蓄清排浑运用影响)、1986 年 7 月至 1999 年 6 月(主要反映龙羊峡水库影响)、1999 年 7 月至 2013 年 6 月(主要反映小浪底水库影响)等 6 个时段。黄河干流各时期不同河段年平均泥沙分布量统计见表 3-1。

3.2.1 1950 年 7 月至 1960 年 6 月

黄河干流在这一时段受人类活动的干预较少,泥沙分布动力主要是水流条件。从泥沙在不同分布单元的分布情况(见图 3-2)看,进入黄河干流的年均总沙量为 20.065 亿 t,其中引沙量 1.557 亿 t,约占总沙量的 8%;河道淤积泥沙量 5.229 亿 t,约占总沙量的 26%;输出利津以下沙量 13.041 亿 t,约占总沙量的 65%,说明大量泥沙排入利津以下河口地区。

从泥沙在不同河段分布情况(见图 3-3)看,唐乃亥—头道拐泥沙分布量为 1.698 亿 t,其中河道淤积量为 0.983 亿 t,引沙量为 0.715 亿 t;头道拐—小浪底河段泥沙分布量为 0.662 亿 t;小浪底—利津河段泥沙分布量为 4.426 亿 t,其中河道淤积量为 3.584 亿 t,引沙量为 0.842 亿 t。河道泥沙主要分布在下游河道,防洪问题也主要在下游河道。

从黄河下游河道淤积分布来看,三门峡—花园口河段主槽淤积量为 0.318 亿 t,滩地淤积量为 0.298 亿 t,滩地淤积量约占总淤积量的 48%;花园口—高村河段主槽淤积量为 0.298 亿 t,滩地淤积量为 1.062 亿 t,滩地淤积量约占总淤积量的 78%;高村—艾山河段主槽淤积量为 0.189 亿 t,滩地淤积量为 0.973 亿 t,滩地淤积量约占总淤积量的 84%;艾山—利津河段主槽淤积量为 0.010 亿 t,滩地淤积量为 0.437 亿 t,滩地淤积量约占总淤积量的 98%。泥沙主要淤积在滩地上,主槽淤积量小,各重点水文站平滩流量变幅不大(见图 3-4、图 3-5)。

3.2.2 1960 年 7 月至 1965 年 6 月

三门峡水利枢纽于 1960 年 9 月 15 日开始下闸蓄水,从 1960 年 9 月到 1962 年 3 月采取蓄水拦沙的运用方式,除洪水期以异重流排出少量细颗粒泥沙外,其他时间均下泄清水。1962 年 3 月至 1964 年 10 月,水库虽然改为滞洪排沙运用,但由于水库枢纽泄流能力不足,滞洪作用较大,水库处于自然蓄水拦沙状态,出库泥沙较少。因此,一般将上述两个时期作为水库蓄水拦沙期进行研究。同时,由于本次分析均采用水文年为时间尺度,故本时段统计到 1965 年 6 月。

表 3-1 黄河干流各时期不同河段年平均泥沙分布量统计

时段	河段	分布单元（亿t）						占入黄总沙量百分比（%）					
		水库拦沙	引沙	河道冲淤	固堤用沙	出利津	总沙量	水库拦沙	引沙	河道淤积	固堤用沙	出利津	总沙量
1950-07～1960-06	唐乃亥—头道拐	0	0.715	0.983				0	4	5			
	头道拐—小浪底	0	0	0.662				0	0	3			
	小浪底—利津	0	0.842	3.584				0	4	18			
	全河	0	1.557	5.229	0.238	13.041	20.065	0	8	26	1	65	100
1960-07～1965-06	唐乃亥—头道拐	0	0.476	-0.274				0	3	-2			
	头道拐—小浪底	8.613	0	1.564				51	0	9			
	小浪底—利津	0	0.634	-4.327				0	4	-26			
	全河	8.613	1.110	-3.037	0.172	10.070	16.928	51	7	-19	1	59	100
1965-07～1973-06	唐乃亥—头道拐	1.540	0.323	-0.962				9	2	-5			
	头道拐—小浪底	-0.665	0	1.930				-4	0	11			
	小浪底—利津	0.000	1.048	4.306				0	6	24			
	全河	0.875	1.371	5.274	0	10.355	17.875	5	8	29	0	58	100

续表 3-1

时段	河段	分布单元(亿t)						占入黄总沙量百分比(%)					
		水库拦沙	引沙	河道冲淤	固堤用沙	出利津	总沙量	水库拦沙	引沙	河道淤积	固堤用沙	出利津	总沙量
1973-07～1986-06	唐乃亥—头道拐	0.819	0.366	-0.047				6	3	0			
	头道拐—小浪底	-0.048	0.000	0.040				0	0	0			
	小浪底—利津	0.000	1.602	1.038				0	13	8			
	全河	0.771	1.968	1.031	0.327	8.666	12.763	6	16	8	3	68	100
1986-07～1999-06	唐乃亥—头道拐	0.533	0.495	0.700				5	5	7			
	头道拐—小浪底	0.242	0	0.629				2	0	6			
	小浪底—利津	0	1.348	2.332				0	13	22			
	全河	0.775	1.843	3.661	0.171	4.149	10.597	7	18	35	2	39	100
1999-07～2013-06	唐乃亥—头道拐	0.242	0.321	0.172				7	10	12			
	头道拐—小浪底	2.275	0.000	-0.219				52	0	-1			
	小浪底—利津	0	0.370	-1.502				0	12	-29			
	全河	2.517	0.691	-1.549	0.128	1.425	3.212	78	22	-48	4	44	100

注:唐乃亥—头道拐区间水库包括龙羊峡、刘家峡、青铜峡、天桥、万家寨;头道拐—小浪底区间水库包括万家寨、天桥、龙口、三门峡潼关以下库区、小浪底水库。

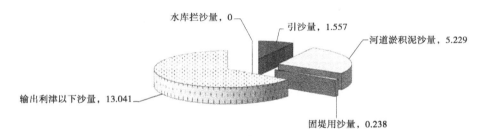

图 3-2　1950 年 7 月至 1960 年 6 月黄河干流泥沙年均空间分布　（单位：亿 t）

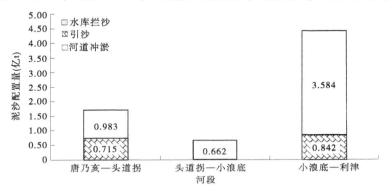

图 3-3　不同河段 1950 年 7 月至 1960 年 6 月平均泥沙空间分布情况

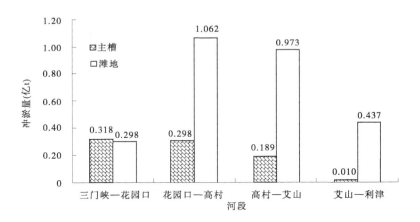

图 3-4　1950 年 7 月至 1960 年 6 月黄河下游年平均滩槽冲淤情况

从泥沙在不同分布单元的分布情况（见图 3-6）看，年均进入黄河干流的总沙量为 16.927 亿 t，其中引沙量 1.110 亿 t，河道淤积泥沙量 – 3.037 亿 t，输出利津以下沙量 10.070 亿 t，水库拦沙量 8.613 亿 t。水库大量拦蓄泥沙（见图 3-7），排入利津以下河口地区的泥沙量大幅度减少。

从泥沙在不同河段分布情况（见图 3-8）看，唐乃亥—头道拐泥沙分布量为 0.202 亿 t，其中河道内有 0.274 亿 t 泥沙被冲刷并输送到了下游河段，引沙量为 0.476 亿 t；头道

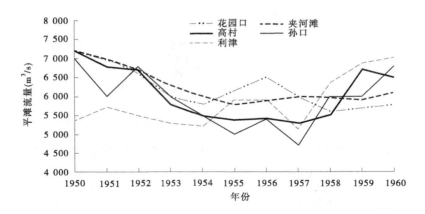

图 3-5　黄河下游重点水文站平滩流量变化

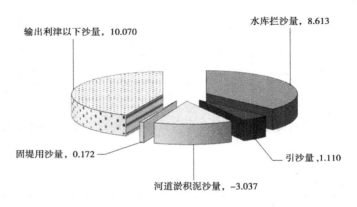

图 3-6　1960 年 7 月至 1965 年 6 月黄河干流泥沙年均空间分布　（单位:亿 t）

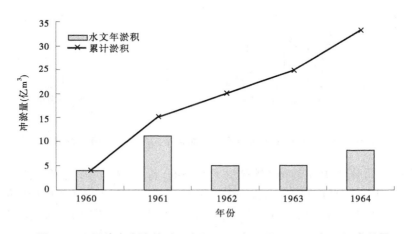

图 3-7　三门峡水库潼关以下库区 1960 年 7 月至 1965 年 6 月冲淤量

拐—小浪底河段泥沙分布量为 10.177 亿 t,其中小北干流河道淤积泥沙量为 1.564 亿 t,

三门峡水库潼关以下库区拦蓄泥沙量为 8.613 亿 t;小浪底—利津河段泥沙分布量为 −3.693 亿 t,其中河道冲刷泥沙量为 4.327 亿 t,引沙量为 0.634 亿 t。可以看出,该时期泥沙的淤积重心已经转向头道拐—小浪底河段,特别是小北干流河道和三门峡水库潼关以下库区;下游河道发生明显冲刷(见图 3-9)。

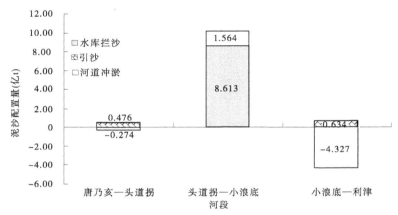

图 3-8　不同河段 1960 年 7 月至 1965 年 6 月平均泥沙空间分布情况

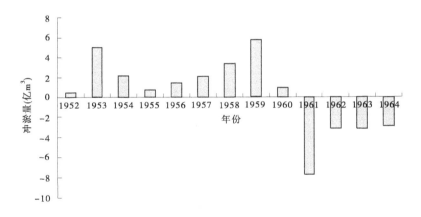

图 3-9　黄河下游河道历年冲淤量变化

从黄河下游河道淤积分布(见图 3-10)来看,三门峡—花园口河段主槽冲刷量为 0.757 亿 t,滩地冲刷量为 0.728 亿 t,主槽冲刷量约占总冲刷量的 51%;花园口—高村河段主槽冲刷量为 1.237 亿 t,滩地冲刷量为 0.558 亿 t,主槽冲刷量约占总冲刷量的 69%;高村—艾山河段主槽冲刷量为 0.801 亿 t,滩地冲刷量为 0.059 亿 t,主槽冲刷量约占总冲刷量的 93%;艾山—利津河段主槽冲刷量为 0.186 亿 t,滩地冲刷量为 0。该时期主要是主槽发生了冲刷。

3.2.3　1965 年 7 月至 1973 年 6 月

三门峡水库由"蓄水拦沙"向滞洪排沙运用转变,下游来沙量明显增大,年均沙量 16.3 亿 t,相应水量 426 亿 m³,年平均含沙量 38.3 kg/m³,比 20 世纪 50 年代平均含沙量

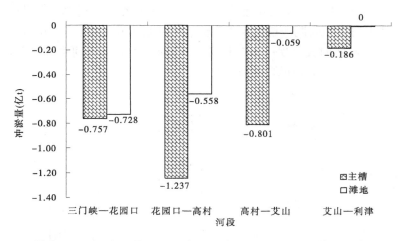

图 3-10　1960 年 7 月至 1965 年 6 月黄河下游年平均滩槽冲淤情况

还大。由于水库泄流规模不足,大洪水时仍有一定滞洪作用、下游大洪水发生机会较少,而洪水过后为尽量减少三门峡库区泥沙淤积,水库降低水位排沙,下游经常出现"小水带大沙"的不利水沙组合,下游河道由冲刷变为大量淤积。

从泥沙在不同分布单元的分布情况(见图 3-11)看,年均进入黄河干流的总沙量为 17.874 亿 t,其中引沙量 1.371 亿 t,约占总沙量的 8%;河道淤积泥沙量 5.273 亿 t,约占总沙量的 30%;输出利津以下沙量 10.355 亿 t,约占总沙量的 58%,水库拦沙量 0.875,约占总沙量的 5%。

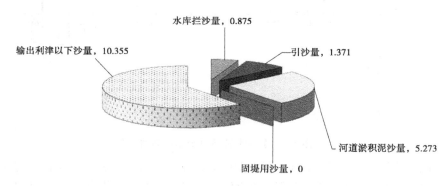

图 3-11　1965 年 7 月至 1973 年 6 月黄河干流泥沙年均空间分布　(单位:亿 t)

从泥沙在不同河段分布情况(见图 3-12)看,唐乃亥—头道拐河段泥沙分布量为 0.901 亿 t,其中青铜峡、刘家峡等水库拦沙量为 1.540 亿 t,河道泥沙冲刷量为 0.962 亿 t,引沙量为 0.323 亿 t;头道拐—小浪底河段泥沙分布量为 1.265 亿 t,其中小北干流河道淤积泥沙量为 1.930 亿 t,三门峡水库潼关以下库区冲刷泥沙量为 0.665 亿 t;小浪底—利津河段泥沙分布量为 5.354 亿 t,其中河道泥沙淤积量为 4.306 亿 t,引沙量为 1.048 亿 t。下游河道由冲刷又转为严重淤积,防洪形势严峻;小北干流淤积也比较严重;黄河上游水库修建对泥沙有一定拦蓄作用,水库下游宁蒙河段发生冲刷。

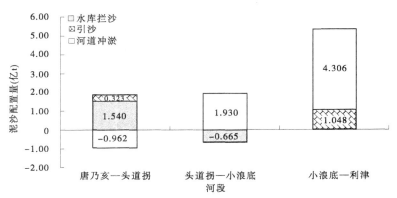

图 3-12　不同河段 1965 年 7 月至 1973 年 6 月平均泥沙空间分布情况

从黄河下游河道淤积分布(见图 3-13)来看,三门峡—花园口河段主槽淤积量为 0.461 亿 t,滩地淤积量为 0.471 亿 t,主槽淤积量约占总淤积量的 49%;花园口—高村河段主槽淤积量为 1.226 亿 t,滩地淤积量为 0.755 亿 t,主槽淤积量约占总淤积量的 62%;高村—艾山河段主槽淤积量为 0.569 亿 t,滩地淤积量为 0.157 亿 t,主槽淤积量约占总淤积量的 78%;艾山—利津河段主槽淤积量为 0.628 亿 t,滩地淤积量为 0.039 亿 t,主槽淤积量约占总淤积量的 94%。淤积主要集中在河槽里,滩地淤积量仅占全断面淤积量的 33%,由于河槽的大量淤积和嫩滩高程的明显抬升,部分河段开始出现"二级悬河"的不利局面(见图 3-14)。

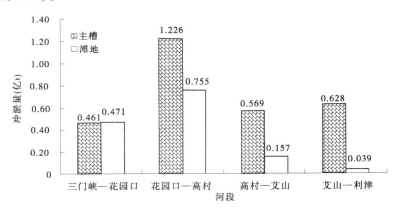

图 3-13　1965 年 7 月至 1973 年 6 月黄河下游年平均滩槽冲淤情况

3.2.4　1973 年 7 月至 1986 年 6 月

随着治黄科研工作者对黄河水沙特性和运行规律认识的深入,通过对三门峡水库调度实践的不断总结,三门峡水库 1973 年 11 月改为"蓄清排浑"调水调沙控制运用,即根据非汛期来沙较少的特点,抬高水位蓄水,发挥防凌、发电等综合利用,当汛期来水较大时降低水位泄洪排沙,把非汛期泥沙调节到汛期,特别是洪水期排出水库,以保持长期可用库容,并在控制水库淤积的同时,根据下游河道自身的输沙特点,释放有利于减少下游河道淤积的水沙,达到多排沙入海的目的。

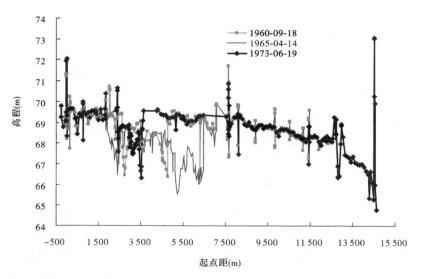

图 3-14　油房寨断面套绘

通过泥沙在不同分布单元的分布（见图 3-15）可以看出,年均进入黄河干流的总沙量为 12.764 亿 t,其中引沙量 1.968 亿 t,约占总沙量的 15%;河道淤积泥沙量 1.032 亿 t,约占总沙量的 8%;输出利津以下沙量 8.666 亿 t,约占总沙量的 68%,水库拦沙量 0.771,约占总沙量的 6%。水库拦沙量减小;河道淤积量减小;排出利津以下河口地区的泥沙量较大。

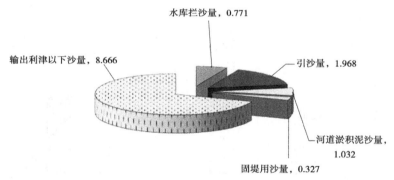

图 3-15　1973 年 7 月至 1986 年 6 月黄河干流泥沙年均空间分布 （单位:亿 t）

从泥沙在不同河段分布情况（见图 3-16）看,唐乃亥—头道拐河段泥沙分布量为 1.138 亿 t,其中青铜峡、刘家峡等水库拦沙量 0.819 亿 t,河道泥沙冲刷量为 0.047 亿 t,引沙量为 0.366 亿 t;头道拐—小浪底河段泥沙分布量为 -0.008 亿 t,水库和河道冲淤量都非常小;小浪底—利津河段泥沙分布量为 2.640 亿 t,其中河道泥沙淤积量 1.038 亿 t,引沙量为 1.602 亿 t。下游河道淤积较少,小北干流河段以及三门峡水库潼关以下库区冲淤基本平衡。一方面,该时期水沙条件较好（见图 3-17）;另一方面,与水沙合理调节有关（见图 3-18）,三门峡水库运用方式与来水来沙适应,实现了水库少淤积、下游少淤积的良好效果。

从黄河下游河道淤积分布（见图 3-19）来看,三门峡—花园口河段主槽略有冲刷,冲刷量为 0.169 亿 t,滩地冲刷量为 0.002 亿 t;花园口—高村河段主槽冲刷量为 0.103 亿 t,

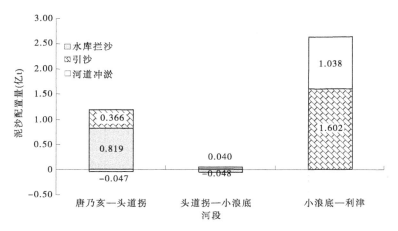

图 3-16　不同河段 1973 年 7 月至 1986 年 6 月平均泥沙空间分布情况

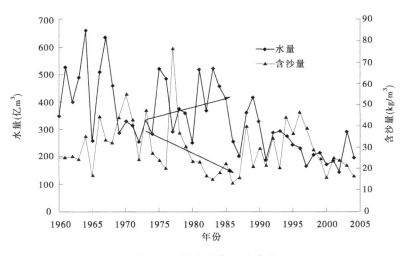

图 3-17　潼关历年水沙变化

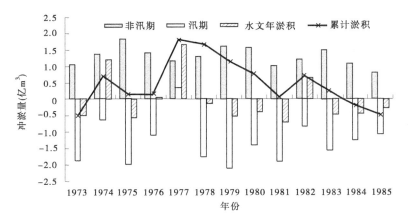

图 3-18　三门峡水库潼关以下库区冲淤量

滩地淤积量为 0.453 亿 t,表现为滩淤槽冲;高村—艾山河段主槽淤积量为 0.073 亿 t,滩地淤积量为 0.560 亿 t,滩槽同时淤积;艾山—利津河段主槽基本没有发生冲淤变化,滩地淤积量为 0.222 亿 t。滩槽冲淤量均较少。

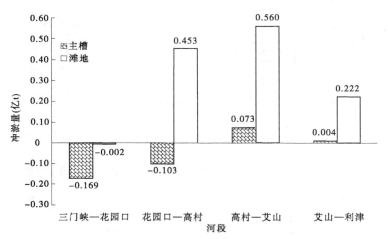

图 3-19 1973 年 7 月至 1986 年 6 月黄河下游年平均滩槽冲淤情况

3.2.5 1986 年 7 月至 1999 年 6 月

1986 年以后,人类活动的加剧,特别是上游龙羊峡水库的投入运用(见图 3-20),水资源的过分利用,以及流域降雨强度减弱等因素,极大地改变了水沙过程。

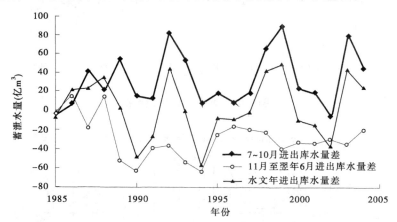

图 3-20 龙羊峡水库历年汛期、非汛期蓄泄水量变化

从泥沙在不同分布单元的分布情况(见图 3-21)看,年均进入黄河干流的总沙量为 10.597 亿 t,其中引沙量 1.842 亿 t,约占总沙量的 17%;河道淤积泥沙量 3.661 亿 t,约占总沙量的 35%;输出利津以下沙量 4.149 亿 t,约占总沙量的 39%,水库拦沙量 0.774 亿 t,约占总沙量的 7%。上游水库对水量调节作用大,但对泥沙的拦蓄作用不明显,促使进入中下游的水沙搭配更加不协调,河道淤积加重,排出利津以下沙量比例大幅下降,由自然状况下的 65% 下降到 39%,加上水库拦沙量很小,泥沙更多地分布在河道内,对各河段均不利,虽然进入干流的泥沙总量减少,但河道淤积量仍然很大。潼关高程年均上升 0.1 m,下游河道年均上升 0.10～0.15 m,各重点河段排洪能力下降,防洪形势严峻。

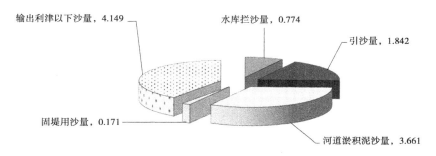

图 3-21　1986 年 7 月至 1999 年 6 月黄河干流泥沙年均空间分布 （单位:亿 t）

从泥沙在不同河段分布情况(见图 3-22)看,唐乃亥—头道拐河段泥沙分布量为 1.728 亿 t,其中刘家峡、龙羊峡等水库拦沙量 0.533 亿 t,河道泥沙淤积量为 0.700 亿 t,引沙量为 0.495 亿 t;头道拐—小浪底河段泥沙分布量为 0.871 亿 t,其中小北干流河道冲淤量为 0.629 亿 t,三门峡水库潼关以下库区泥沙淤积量为 0.242 亿 t;小浪底—利津河段泥沙分布量为 3.680 亿 t,其中河道泥沙淤积量为 2.332 亿 t,引沙量为 1.348 亿 t。各个河段河道淤积均较严重,宁蒙河段淤积变得严重,主槽明显萎缩,主槽平滩流量明显减小(见图 3-23)。

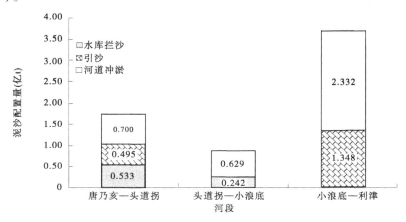

图 3-22　不同河段 1986 年 7 月至 1999 年 6 月平均泥沙空间分布情况

从黄河下游河道淤积分布(见图 3-24)来看,三门峡—花园口河段主槽淤积量为 0.282 亿 t,滩地淤积量为 0.157 亿 t,主槽淤积量占河段总淤积量的 64%;花园口—高村河段主槽淤积量为 0.857 亿 t,滩地淤积量为 0.366 亿 t,主槽淤积量占河段总淤积量的 70%;高村—艾山河段主槽淤积量为 0.261 亿 t,滩地淤积量为 0.115 亿 t,主槽淤积量占河段总淤积量的 69%;艾山—利津河段主槽淤积量为 0.282 亿 t,滩地淤积量为 0.010 亿 t,主槽淤积量占河段总淤积量的 97%。主槽严重淤积,加之该时段水沙条件不利,洪峰较小,滩区生产堤等阻水建筑物的存在,影响了滩槽水流泥沙的横向交换,泥沙淤积主要集中在生产堤之间的主槽和嫩滩上,生产堤至大堤间的广大滩区淤积很少。滩槽淤积分布

图 3-23　内蒙古河段水文站断面平滩流量变化

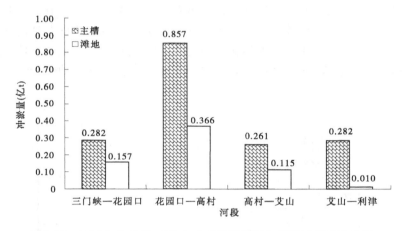

图 3-24　1986 年 7 月至 1999 年 6 月黄河下游年平均滩槽冲淤情况

的不均匀性加剧了滩唇高仰、堤根低洼,临河滩面高程明显低于滩唇高程,背河地面又明显低于临河滩面的"二级悬河"的不利局面(见图 3-25)。

3.2.6　1999 年 7 月至 2013 年 6 月

　　小浪底水库 1997 年 10 月截流,1999 年 10 月 25 日开始下闸蓄水。水库运用以来以满足黄河下游防洪、减淤、防凌、防断流以及供水(包括城市、工农业、生态用水,以及引黄济津等)为目标,进行了防洪、调水调沙和蓄水、供水等一系列调度。水库运用以蓄水拦沙为主,70% 左右的细泥沙和 95% 以上的中粗泥沙被拦在库里,进入黄河下游的泥沙明显减少。一般情况下,小浪底水库下泄清水,洪水期库水位较高,库区泥沙主要以异重流形式输移并排细泥沙出库,从而使得下游河道发生了持续的冲刷。

　　2002 年 7 月到 2013 年 6 月,小浪底水库共进行了 17 次调水调沙运用,极大地改变了进入下游的洪水过程,黄河泥沙分布特点发生了新的变化。

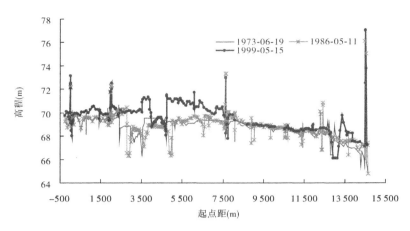

图 3-25　油房寨断面套绘

从泥沙在不同分布单元的分布情况(见图 3-26)看,年均进入黄河干流的总沙量为
3.213 亿 t,其中引沙量 0.691 亿 t,河道淤积泥沙量 -1.548 亿 t,输出利津以下沙量 1.425
亿 t,水库拦沙量 2.517 亿 t。水库大量拦蓄泥沙,达到进入干流总沙量的 78%,输出利津
以下泥沙量占比减小。

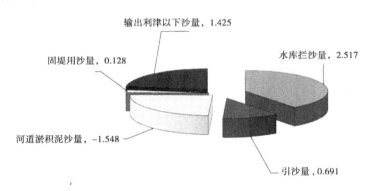

图 3-26　1999 年 7 月至 2013 年 6 月黄河干流泥沙年均空间分布　(单位:亿 t)

从泥沙在不同河段分布情况(见图 3-27)看,唐乃亥—头道拐河段泥沙分布量为
0.735 亿 t,其中刘家峡、龙羊峡等水库拦沙量为 0.242 亿 t,河道泥沙淤积量为 0.172 亿 t,
引沙量为 0.321 亿 t;头道拐—小浪底河段泥沙分布量为 2.056 亿 t,河道处于冲刷状态,
泥沙全分布在水库里;小浪底—利津河段泥沙分布量为 -1.132 亿 t,其中河道泥沙冲刷
量为 1.502 亿 t,引沙量为 0.370 亿 t。中游水库,特别是小浪底水库大量拦沙,黄河下游
处于冲刷状态。

从黄河下游河道淤积分布(见图 3-28)看,三门峡—花园口河段主槽冲刷量为 0.408
亿 t,滩地淤积量为 0.011 亿 t;花园口—高村河段主槽冲刷量为 0.700 亿 t,滩地淤积量为
0.031 亿 t;高村—艾山河段主槽冲刷量为 0.226 亿 t,滩地淤积量为 0.021 亿 t;艾山—利
津河段主槽冲刷量为 0.231 亿 t,滩地淤积量为 0.001 亿 t。各河段主槽冲刷扩大。

目前,下游主要水文站平滩流量得到一定程度恢复(见表 3-2),和 2002 年黄河首次

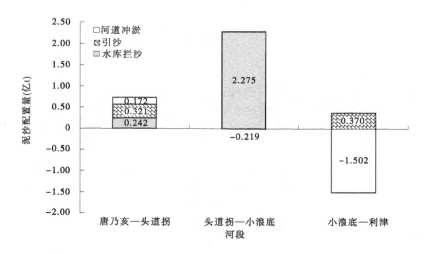

图 3-27　不同河段 1999 年 7 月至 2005 年 6 月平均泥沙空间分布情况

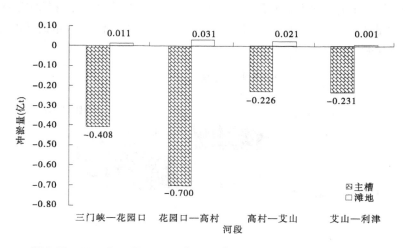

图 3-28　1999 年 7 月至 2005 年 6 月黄河下游年平均滩槽冲淤情况

调水调沙时相比,各站平滩流量都增加较多。2002 年,黄河下游河道最小平滩流量在高村站河段,主槽过流能力为 1 850 m³/s;到 2013 年,黄河下游河道最小平滩流量在艾山站河段,主槽过流能力为 4 150 m³/s。

表 3-2　黄河下游水文站断面的平滩流量及其变化　　　　　　　　（单位:m³/s）

水文站	花园口	夹河滩	高村	孙口	艾山	泺口	利津
2002 年	4 100	2 900	1 850	2 100	2 800	2 700	2 900
2013 年	6 900	6 500	5 800	4 300	4 150	4 300	4 500
增加	2 800	3 600	3 950	2 200	1 350	1 600	1 600

3.3 典型支流河道泥沙冲淤及分布

3.3.1 渭河

渭河全长 818 km,流域面积 13.43 万 km²,其支流众多,水系密布。河源至宝鸡峡出口为上游,长 430 km,河道狭窄,川峡相间,水流急湍,平均比降 0.38%。宝鸡峡至咸阳铁桥为中游,长 177 km,河床宽浅,沙洲较多,水流分散,比降由 0.2% 逐渐变缓为 0.07%。咸阳至潼关河口为下游,长 211 km,华县以下河道蜿蜒曲折,河道比降为 0.016%。

本次计算表明,渭河近年总体表现为冲刷状态,冲刷主要集中在咸阳以下,咸阳以上区间以淤积为主。其中:武山—拓石区间 2007~2011 年累计淤积 639 万 t,年均淤积 128 万 t;拓石—咸阳区间 2007~2011 年累计淤积 5 731 万 t,年均淤积 1 146 万 t;2007 年 3 月至 2011 年 11 月渭河下游累计冲刷 1.860 亿 m³,按泥沙密度为 1 400 kg/m³ 计算,共冲刷 2.604 亿 t,年均冲刷 0.521 亿 t。各段冲淤具体计算如下。

3.3.1.1 武山—拓石河段

表 3-3 为渭河干流武山—拓石区间 2007~2011 年输沙量。渭河武山水文站所观测到的泥沙量是武山—拓石区间河道淤积的主要泥沙来源。区间有葫芦河、散渡河、藉河、牛头河和通关河 5 条主要支流,其出口控制站分别为秦安、甘谷、天水、社棠和凤阁岭。武山站控制流域面积为 8 080 km²,秦安、甘谷、天水、社棠和凤阁岭等 5 站的控制流域面积为 16 000 km²,拓石站的控制流域面积为 29 092 km²。武山至拓石区间不受上述 5 站控制(未控区)的流域面积为 5 012 km²。未控区的自然地理条件与上述 5 条支流接近,因此未控区来沙量按 5 站的平均产沙模数乘以未控区面积来确定。

武山站 2007~2011 年输沙量为 2 560 万 t,秦安等 5 站累计输沙量为 5 235 万 t,未控区间(集水面积 5 012 km²)来沙量(未控区集水面积/秦安等 5 站集水面积×秦安等 5 站输沙量,即 5 012/16 000×5 235)为 1 640 万 t,拓石站 2007~2011 年累计输沙量为 8 796 万 t,因此计算可得武山—拓石区间 2007~2011 年累计淤积泥沙 639 万 t,年均淤积约 128 万 t。

3.3.1.2 拓石—咸阳河段

表 3-4 为渭河干流拓石—咸阳区间 2007~2011 年输沙量。区间有小水河、清姜河、千河、石头河、汤峪河、涝河和黑河 7 条主要支流,其出口控制站分别为朱园、益门镇、千阳、鹦鸽、河漫湾、涝峪口和黑峪口。渭河拓石站 2007~2011 年输沙量为 8 796 万 t,朱园等 7 站累计输沙量为 1 556 万 t,未控区(集水面积 11 722 km²)来沙量(未控区集水面积/朱园等 7 站控制流域面积×朱园等 7 站输沙量,即 11 722/6 013×1 556)为 3 033 万 t,咸阳站 5 年累计输沙量为 6 080 万 t,扣除宝鸡峡水库的淤积泥沙量 340 万 t 和区间河道引沙量 1 234 万 t,计算可得拓石—咸阳区间 2007~2011 年累计淤积泥沙 5 731 万 t,年均淤积 1 146 万 t。

表3-3 渭河干流武山—拓石区间2007~2011年输沙量

年份	渭河武山 集水面积:8 080 km² 输沙量(万t)	葫芦河秦安(1) 集水面积:9 805 km² 输沙量(万t)	散渡河甘谷(2) 集水面积:2 484 km² 输沙量(万t)	藉河天水(3) 集水面积:1 019 km² 输沙量(万t)	牛头河社棠(4) 集水面积:1 846 km² 输沙量(万t)	通关河凤阁岭(5) 集水面积:846 km² 输沙量(万t)	1+2+3+4+5 集水面积:16 000 km² 输沙量(万t)	未控区 集水面积:5 012 km² 输沙量(万t)	渭河拓石 集水面积:29 092 km² 输沙量(万t)	冲淤量(万t)
2007	590	960	1 230	310	181	42	2 723	853	3 960	206
2008	660	180	460	20	35	6	701	220	1 500	81
2009	610	30	290	10	7	6	343	107	835	225
2010	420	100	90	30	61	34	315	99	701	133
2011	280	540	360	50	168	35	1 153	361	1 800	-6
2007~2011	2 560	1 810	2 430	420	452	123	5 235	1 640	8 796	639
年均	512	362	486	84	90.4	24.6	1 047	328	1 759.2	127.8

表 3-4　渭河干流拓石—咸阳区间 2007～2011 年输沙量

年份	渭河拓石 集水面积: 29 092 km² 输沙量 (万t)	小水河朱河 (1) 集水面积: 402 km² 输沙量 (万t)	清姜河益门镇 (2) 集水面积: 219 km² 输沙量 (万t)	千河千阳 (3) 集水面积: 2 935 km² 输沙量 (万t)	石头河鹦鸽 (4) 集水面积: 507 km² 输沙量 (万t)	汤峪河漫湾 (5) 集水面积: 122 km² 输沙量 (万t)	涝河涝峪口 (6) 集水面积: 347 km² 输沙量 (万t)	黑河黑峪口 (7) 集水面积: 1 481 km² 输沙量 (万t)	1+2+…+7 集水面积: 6 013 km² 输沙量 (亿t)	未控区 集水面积: 11 722 km² 输沙量 (亿t)	林家村引沙量 (亿t)	魏家堡引沙量 (亿t)	渭河咸阳 集水面积: 46 827 km² 输沙量 (万t)	冲淤量 (万t)
2007	3 960	0	2	10	60	1	10	4	86	167	229	250	2 750	985
2008	1 500	0	0	9	14	1	2	2	28	55	138	134	540	771
2009	835	0	2	2	11	1	2	2	20	39	117	142	390	245
2010	701	0	1	1 310	9	1	4	5	1 330	2 592	56	76	740	3 752
2011	1 800	0	6	50	18	2	11	6	92	180	35	58	1 660	319
2007～2011	8 796	0	11	1 381	112	6	29	19	1 556	3 033	575	660	6 080	6 072
年均	1 759.2	0	2	276.2	22.4	1.2	5.8	3.8	311.2	606.6	115	132	1 216	1 214.4

3.3.1.3 咸阳—渭河入黄口

表 3-5 为渭河下游不同时段(咸阳至渭河入黄口)冲淤积量统计。2011 年,渭河发生了 1981 年以来最大的一场洪水,华县洪峰流量 5 050 m^3/s,渭河下游河道大幅度冲刷,冲刷量为 0.621 亿 m^3。2007 年 3 月至 2011 年 11 月,渭河下游累计冲刷 1.860 亿 m^3,按泥沙密度为 1 400 kg/m^3 计算,共冲刷 2.604 亿 t,年均冲刷 0.521 亿 t。

表 3-5 渭河下游不同时段淤积量统计(断面法)

时段						冲淤量 (亿 m^3)	累计 冲淤量 (亿 m^3)
起			止				
年	月	日	年	月	日		
2007	3	30	2007	10	18	-0.077	-0.077
2007	10	18	2008	4	23	-0.240	-0.317
2008	4	23	2008	9	24	0.239	-0.078
2008	9	24	2009	4	5	-0.136	-0.214
2009	4	5	2009	10	24	-0.037	-0.251
2009	10	24	2010	5	9	-0.133	-0.384
2010	5	9	2010	11	5	-0.895	-1.279
2010	11	5	2011	4	24	0.040	-1.239
2011	4	24	2011	11	2	-0.621	-1.860
2007 ~ 2011						-1.860	

3.3.2 泾河

本次计算表明,泾河近年总体表现为微冲状态,冲刷主要集中在景村以下,景村以上区间以淤积为主。其中:泾河泾川—景村区间 2007 ~ 2011 年累计淤积泥沙 6 508 万 t,年均淤积 1 302 万 t;景村—张家山区间河道 2007 ~ 2011 年冲刷量为 4 891 万 t,年均冲刷 978 万 t;张家山—桃园区间河道 2007 ~ 2011 年冲刷量为 2 940 万 t,年均冲刷 588 万 t,每年略有冲刷。各段冲淤具体计算如下。

3.3.2.1 泾川—景村河段

表 3-6 为泾河泾川—景村区间 2007 ~ 2011 年输沙量。马莲河是泾河泥沙的主要来源,雨落坪水文站所观测到的泥沙量是泾川—景村区间河道淤积的主要泥沙来源。区间另有汭河、洪河、蒲河、黑河和达溪河 5 条主要支流,各支流出口控制站分别为袁家庵站、红河站、毛家河站、张河站和张家沟站。未控区的自然地理条件与上述 5 条支流接近,故未控区来沙量按 5 站的平均产沙模数乘以未控区面积来确定。泾河泾川站 2007 ~ 2011 年输沙量为 914 万 t,马莲河雨落坪站 5 年累计输沙量为 26 380 万 t,袁家庵等 5 站 5 年累计输沙量为 10 314 万 t,未控区(集水面积 4 963 km^2)来沙量(未控区集水面积/袁家庵等 5 站控制流域面积×袁家庵等 5 站输沙量,即 4 963/13 154 × 10 314)为 3 891 万 t,景村站 5 年累计输沙量为 34 990 万 t,计算可得泾河泾川—景村区间 2007 ~ 2011 年累计淤积泥沙

表3-6 泾河泾川—景村区间2007~2011年输沙量

年份	泾河泾川 集水面积：3 145 km² 输沙量（万t）	马莲河雨落坪 集水面积：19 019 km² 输沙量（万t）	内河袁家庵(1) 集水面积：1 685 km² 输沙量（万t）	洪河纟同(杨间)(2) 集水面积：1 274 km² 输沙量（万t）	蒲河毛家河(3) 集水面积：7 189 km² 输沙量（万t）	黑河张河(4) 集水面积：1 506 km² 输沙量（万t）	达溪河张家沟(5) 集水面积：1 500 km² 输沙量（万t）	1+2+3+4+5 集水面积：13 154 km² 输沙量（万t）	未控区 集水面积：4 963 km² 输沙量（万t）	泾河景村 集水面积：40 281 km² 输沙量（万t）	冲淤量（万t）
2007	79	5 740	16	49	1 290	94	46	1 495	564	6 740	1 138
2008	4	5 690	6	28	1 650	47	5	1 736	655	6 530	1 555
2009	39	5 060	0	38	949	31	1	1 019	384	5 010	1 492
2010	734	8 330	481	199	585	3 320	992	5 577	2 104	14 200	2 545
2011	57	1 560	67	20	61	162	177	487	184	2 510	-222
2007~2011	913	26 380	570	334	4 535	3 654	1 221	10 314	3 891	34 990	6 508
年均	183	5 276	114	67	907	731	244	2 063	778	6 998	1 302

6 508 万 t,年均淤积 1 302 万 t。

3.3.2.2 景村—张家山河段

表 3-7 为泾河景村—张家山区间 2007 ~ 2011 年输沙量,区间主要有三水河汇入,其出口控制站为芦村河。干流景村站 5 年累计输沙量为 34 990 万 t,芦村河输沙量为 150 万 t,未控区(集水面积 1 641 km²)来沙量(未控区面积/芦村河集水面积×芦村河输沙量,即 1 641/1 294 × 150)为 190 万 t,扣除泾惠渠引水引沙量 1 590 万 t,据此计算景村—张家山区间河道 2007 ~ 2011 年泥沙冲刷量为 4 891 万 t,年均冲刷 978.2 万 t。

表 3-7 泾河景村—张家山区间 2007 ~ 2011 年输沙量

年份	泾河景村 集水面积: 40 281 km² 输沙量(万 t)	三水河芦村河 集水面积: 1 294 km² 输沙量(万 t)	未控区 集水面积: 1 641 km² 输沙量(万 t)	泾惠渠 引沙量(万 t)	泾河张家山 集水面积: 43 216 km² 输沙量(万 t)	冲淤量 (万 t)
2007	6 740	11	14	495	6 890	− 620
2008	6 530	1	1	469	7 640	− 1 577
2009	5 010	0	0	403	6 720	− 2 113
2010	14 200	41	52	116	14 700	− 523
2011	2 510	97	123	107	2 680	− 58
2007 ~ 2011	34 990	150	190	1 590	38 630	− 4 891
年均	6 998	30	38	318	7 726	− 978.2

3.3.2.3 张家山—桃园河段

表 3-8 为泾河张家山—桃园区间 2007 ~ 2011 年输沙量。张家山站 2007 ~ 2011 年输沙量为 38 630 万 t,桃园站输沙量 41 570 万 t,由于区间基本没有支流汇入,计算可得张家山—桃园区间河道 2007 ~ 2011 年泥沙冲刷量为 2 940 万 t,年均冲刷 588 万 t,每年略有冲刷。

表 3-8 泾河张家山—桃园区间 2007 ~ 2011 年输沙量

年份	泾河张家山 集水面积:43 216 km² 输沙量(万 t)	泾河桃园 集水面积:45 373 km² 输沙量(万 t)	冲淤量 (万 t)
2007	6 890	7 830	− 940
2008	7 640	7 270	370
2009	6 720	6 160	560
2010	14 700	17 100	− 2 400
2011	2 680	3 210	− 530
2007 ~ 2011	38 630	41 570	− 2 940
年均	7 726	8 314	− 588

3.3.3 北洛河

本次计算表明,北洛河近年总体表现为微淤状态,冲刷主要集中在洑头以下,洑头以上区间以淤积为主。其中:刘家河—洑头区间 2007～2011 年累计淤积泥沙 2 468 万 t,年均淤积 494 万 t。北洛河洑头以下至入渭河口累计冲刷 0.021 亿 m³,即 0.029 亿 t,年均冲刷 0.006 亿 t。2007 年以后,北洛河下游河道呈略微冲刷状态。各段冲淤具体计算如下。

3.3.3.1 刘家河—洑头河段

表 3-9 为北洛河刘家河—洑头区间 2007～2011 年输沙量。区间有葫芦河和沮河 2 条主要支流,其出口控制站分别为张村驿和黄陵。刘家河站 2007～2011 年输沙量为 4 075 万 t,张村驿等 2 站累计输沙量为 544 万 t,未控区(集水面积 11 339 km²)来沙量(未控区集水面积/张村驿等 2 站控制流域面积×张村驿等 2 站输沙量,即 113 39/6 981×544)为 884 万 t,洑头站 5 年累计输沙量为 3 032 万 t,计算可得刘家河—洑头区间 2007～2011 年累计淤积泥沙 2 468 万 t,年均淤积 494 万 t。

表 3-9　北洛河刘家河—洑头区间 2007～2011 年输沙量

年份	北洛河 刘家河(1) 集水面积: 7 325 km² 输沙量 (万 t)	葫芦河 张村驿(1) 集水面积: 4 715 km² 输沙量 (万 t)	沮河 黄陵(2) 集水面积: 2 266 km² 输沙量 (万 t)	1＋2 集水面积: 6 981 km² 输沙量 (万 t)	未控区 集水面积: 11 339 km² 输沙量 (万 t)	北洛河 洑头 集水面积: 25 645 km² 输沙量 (万 t)	冲淤量 (万 t)
2007	1 640	42	5	47	76	900	862
2008	354	5	1	6	10	84	285
2009	435	30	2	32	51	107	411
2010	1 390	73	178	251	408	1 520	529
2011	256	20	188	208	338	421	381
2007～2011	4 075	170	374	544	884	3 032	2 468
年均	815	34	75	109	177	606	494

3.3.3.2 洑头以下河段

表 3-10 为北洛河下游不同时段(洑头以下至入渭河口)淤积量统计。2007 年 4 月至 2011 年 11 月北洛河下游累计冲刷 0.021 亿 m³,即 0.029 亿 t,年均冲刷 0.006 亿 t。2007 年以后,北洛河下游河道呈略微冲刷状态。

表 3-10 北洛河下游不同时段淤积量统计

时段						冲淤量 （亿 m³）	累计 冲淤量 （亿 m³）
起			止				
年	月	日	年	月	日		
2007	4	20	2007	10	18	0.003	0.003
2007	10	18	2008	4	15	0.002	0.005
2008	4	15	2008	10	5	−0.003	0.002
2008	10	5	2009	3	25	0.002	0.004
2009	3	25	2009	10	22	0.003	0.007
2009	10	22	2010	5	20	−0.001	0.006
2010	5	20	2010	9	25	0.005	0.011
2010	9	25	2011	4	25	−0.005	0.006
2011	4	25	2011	11	18	−0.027	−0.021
2007-04 ~ 2011-11						−0.021	

图 3-29 为北洛河南荣华 2007 ~ 2011 年以来大断面套绘图。从图 3-29 中可以看出，北洛河南荣华断面基本没有变化，河段累积冲淤量较小。

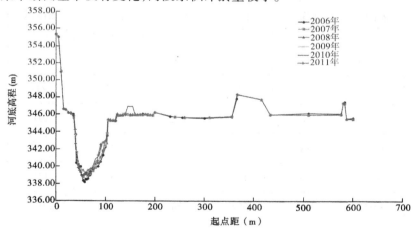

图 3-29 北洛河南荣华 2006 ~ 2011 年以来大断面套绘图

3.3.4 马莲河

马莲河发源于陕西省定边县白于山，是泾河最大的支流，流经陕西、宁夏、甘肃三省（区）的定边、盐池和庆阳等市（县），在甘肃省正宁县政平汇入泾河，全长 336 km，集水面积 19 080 km²。据马莲河雨落坪水文站 50 年观测资料统计，多年平均流量 14.2 m³/s，多年平均径流量 4.49 亿 m³，多年平均含沙量为 250 kg/m³，多年平均输沙量为 1.22 亿 t，多年平均输沙模数为 6 400 t/km²。马莲河流域呈长方形，流域内沟壑、塬面相间，植被稀少,河流泥沙含量高,加上该流域局部暴雨洪水频繁,使其成为陇东洪涝灾害及水土流失最严重的地区。

采用断面法计算河道1980～2012年累计淤积泥沙214.87万 m^3,其中1980～1989年冲刷量较小,为9.88万 m^3,1990～1999年冲刷泥沙16.95万 m^3,2000～2012年淤积总量为241.70万 m^3。利用马莲河雨落坪站同流量水位变化论证了结果的合理性。

3.3.4.1 水沙变化情况

1955～2013年马莲河流域雨落坪站径流量变化情况见图3-30。1955～2013年多年平均径流量为4.292亿 m^3。20世纪五六十年代年均径流量为4.677亿 m^3,70年代为4.550亿 m^3,80年代减少至4.284亿 m^3,90年代为4.747亿 m^3,而2000～2013年多年平均径流量为3.382亿 m^3,2000年以后流域径流量减少明显,较多年平均值减少了21%。以雨落坪站年径流量5年滑动平均线为参考,可以看出,在1996年以前,雨落坪站径流量在4亿 m^3 左右波动,但是从1996年开始,5年滑动平均线开始呈单边下降态势。

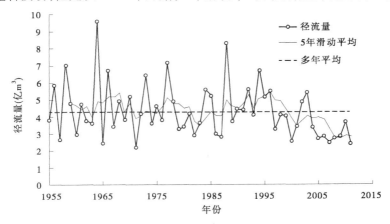

图3-30 1955～2013年马莲河流域雨落坪站径流量变化情况

1955～2013年马莲河流域雨落坪站输沙量变化情况见图3-31。流域1955～2013年

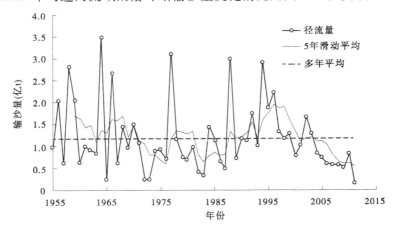

图3-31 1955～2013年马莲河流域雨落坪站输沙量变化情况

年均输沙量为 1.167 亿 t。20 世纪五六十年代年均输沙量为 1.419 亿 t,70 年代为 1.056 亿 t,80 年代减少至 0.986 亿 t,90 年代为 1.586 亿 t,而 2000~2013 年多年平均输沙量为 0.806 亿 t,2000 年以后输沙量明显减少。

3.3.4.2 河道冲淤计算

马莲河庆阳—雨落坪间河段长度为 108 km,采用断面法计算的河道 1980~2012 年累计淤积泥沙为 214.87 万 m³,其中,1980~1989 年冲刷量较小,为 9.88 万 m³,1990~1999 年冲刷泥沙 16.95 万 m³,2000~2012 年淤积总量为 241.70 万 m³。马莲河庆阳—雨落坪不同年代河道冲淤量见表 3-11,马莲河庆阳和雨落坪站断面冲淤面积见图 3-32,马莲河庆阳—雨落坪区间冲淤量多年变化过程见图 3-33。

表 3-11   马莲河庆阳—雨落坪不同年代河道冲淤量

时段 (年)	庆阳 冲淤面积(m²)	雨落坪 冲淤面积(m²)	庆阳—雨落坪 冲淤面积(m²)	冲淤量 (万 m³)
1980~1989	−8.16	6.34	−1.83	−9.88
1990~1999	0.33	−3.47	−3.14	−16.95
2000~2012	37.24	7.51	44.76	241.70
合计	29.41	10.38	39.79	214.87

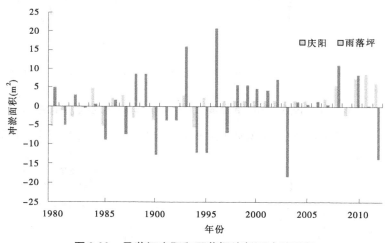

图 3-32   马莲河庆阳和雨落坪站断面冲淤面积

图 3-34~图 3-36 分别是马莲河庆阳水文站断面及雨落坪水文站断面套绘图。庆阳站水文实测大断面 2006 年以前采用基岩下 6 m 测流断面,2006 年由于城墙坍塌,2007 年大断面测量开始采用基本水尺断面。由于测量断面调整,2006 年汛前至 2007 年汛前大断面按不冲不淤估算。从图 3-34、图 3-35 中断面套绘结果可以看出,庆阳站 2006 年汛前断面较 1980 年汛前有轻微淤积;2013 年汛前较 2007 年汛前淤积明显。雨落坪水文站 2013 年汛前断面较 1980 年汛前断面有轻微淤积。

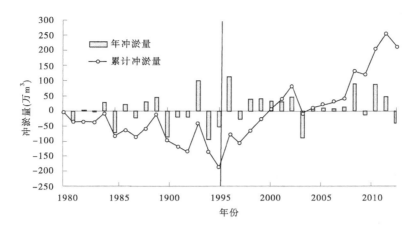

图 3-33　马莲河庆阳—雨落坪区间冲淤量多年变化过程

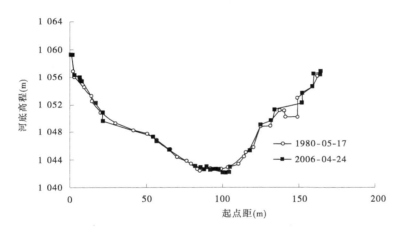

图 3-34　马莲河庆阳水文站断面套绘图(一)

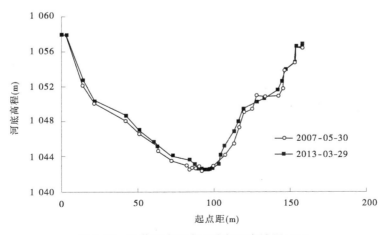

图 3-35　马莲河庆阳水文站断面套绘图(二)

图3-37 为马莲河雨落坪水文站水位—流量关系。由图3-37 可以看出,在同流量条件下,2013 年水位与1980 年水位相差不大,说明雨落坪水文站断面面积及过流能力变化不大,这与采用断面法计算该断面淤积面积较小的结果是一致的。

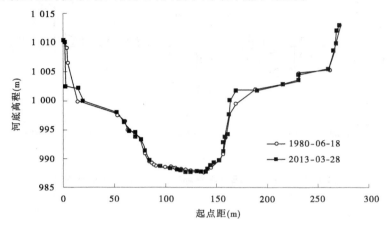

图 3-36　马莲河雨落坪水文站断面套绘图

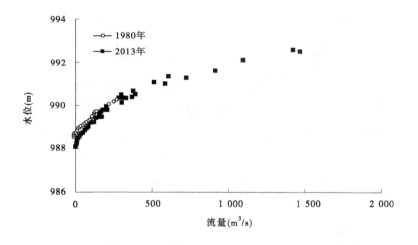

图 3-37　马莲河雨落坪水文站水位—流量关系

3.3.5　葫芦河

采用断面法计算的2007～2011 年葫芦河秦安站以上河道淤积量为26.85 万 t,年均淤积5.37 万 t,并利用秦安站同流量水位变化论证了结果的合理性。

葫芦河秦安站多年平均流量为9.15 m^3/s,本次以秦安站10 m^3/s 同流量水位分析河道冲淤变化情况。2007～2011 年秦安10 m^3/s 同流量水位升高0.03 m,由此推断2007～2011 年葫芦河秦安站以上河道略微淤积,见表3-12。

表 3-12　葫芦河静宁至秦安站 2007~2011 年水沙量及同流量水位变化

年份	葫芦河静宁(北峡)		葫芦河秦安		秦安 10 m³/s 同流量水位(m)
	集水面积:2 854 km²		集水面积:9 805 km²		
	径流量(亿 m³)	输沙量(万 t)	径流量(亿 m³)	输沙量(万 t)	
2002	0.153 6	344	0.660 9	981	92.9
2003	0.252 9	220	2.347 0	1 870	92.95
2004	0.156 8	176	1.057 0	696	93.02
2005	0.108 0	69.6	1.719 0	1 190	93.01
2006	0.062 5	44.4	0.805 0	681	93
2007	0.079 2	90.7	0.976 1	956	93.01
2008	0.048 4	31.3	0.630 8	175	93
2009	0.028 0	17	0.274 4	31.9	93.01
2010	0.038 9	13.3	0.516 8	97.6	93.02
2011	0.041 8	24.1	1.415 0	541	93.04

依据河道冲淤一般特性,假定葫芦河源头不冲不淤,从源头至秦安站按照锥体计算淤积体积,秦安站平均河宽 74 m,距源头距离 259.2 km,则淤积体积为

$$V = \frac{1}{3}SH$$

式中　S——淤积体底面积,即秦安断面的淤积面积,$S = 74 \times 0.03 = 2.22(m^2)$;

　　　H——淤积体高度,即河长。

由此计算 2007~2011 年葫芦河秦安站以上河道淤积体积为 191 808 m³,淤积量为 26.85 万 t,年均淤积 5.37 万 t。

图 3-38 为秦安水文站 2006~2012 年汛前大断面套绘图,也可以看出秦安断面 2006~2012 年逐年略微淤积。

3.3.6　秃尾河

秃尾河是黄河河口镇至龙门区间右岸一条多沙粗沙支流,发源于陕西省神木县宫泊海子,流经神木、榆林、佳县的 16 个乡镇,于神木县万镇乡注入黄河,全长 139.6 km,流域面积 3 294 km²。流域可大致分为两大地貌类型区,高家堡以上基本为风沙区,面积 2 182 km²,占全流域的 66.2%;高家堡以下基本上属于黄土丘陵沟壑区,面积 1 112 km²,占全流域的 33.8%。秃尾河流域较大规模治理始于 20 世纪 70 年代初,此前可基本视为天然

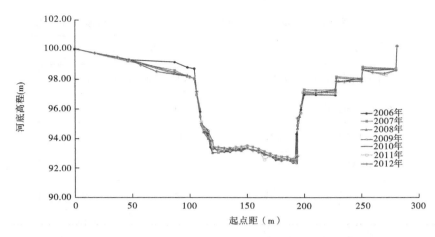

图 3-38　秦安水文站 2006～2012 年汛前大断面套绘图

状态。

　　流域内资源丰富,经济发展迅速,有在建、规划的 2 片大型工业园区,秃尾河成为当地发展的重要水源。流域内的风沙区地势相对平坦,水资源丰富,为建设大型工业项目提供了良好条件。流域内的锦界工业园区已基本建成,大保当工业园区也在规划建设之中,工业园均为陕北能源重化工基地乃至中国西部大开发的重点项目。秃尾河流域水资源丰富,干流已建成瑶镇水库,为锦界工业园和神木县供水,2008 年建成的采兔沟水库位于瑶镇水库下游,为大保当工业区供水,随着煤炭及相关产业的发展,流域内水资源压力增大,采煤也破坏当地水资源,流域内还有大规模的水土保持及沙漠化防治等项目,流域内人类活动将给流域带来较大影响。

3.3.6.1　水沙变化情况

　　秃尾河流域 1956～2012 年多年平均径流量为 3.239 4 亿 m^3,按年际划分,20 世纪五六十年代径流量在 4.000 亿 m^3 以上,70 年代为 3.827 亿 m^3,80 年代减少至 3.028 亿 m^3,90 年代为 2.861 亿 m^3,而 2000～2012 年多年平均径流量为 2.099 亿 m^3,径流量减少明显。流域年均输沙量为 1 598 万 t,高家堡年均输沙量为 530 万 t,占高家川输沙量的 33.2%,可见流域内 76% 左右的泥沙来自中下游高家堡水文站以下区域。按年际划分,输沙量逐渐减少,20 世纪五六十年代年均输沙量为 3 020 万 t,70 年代为 2 340 万 t,80 年代减少至 1 000 万 t,90 年代为 1 290 万 t,而 2000～2012 年多年平均输沙量为 200 万 t,2000 年以后急剧减少。1956～2012 年秃尾河流域高家川站径流量和输沙量变化过程分别见图 3-39 和图 3-40。

3.3.6.2　河道冲淤变化情况

　　秃尾河高家堡—高家川区间河段长度为 59 km,采用断面法计算的河道 1983～2011 年累计淤积量为 179.45 万 m^3,其中 1983～1989 年累计冲刷量为 157.08 万 m^3,1990～1999 年冲刷泥沙 261.61 万 m^3,2000～2012 年河道淤积泥沙为 598.14 万 m^3。秃尾河高家堡—高家川区间河道冲淤量见表 3-13。1983～2011 年秃尾河高家堡站和高家川站断面冲淤面积变化见图 3-41,区间河道冲淤变化见图 3-42。

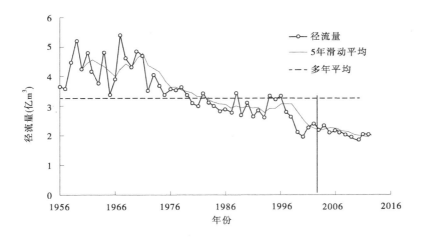

图 3-39　1956~2012 年秃尾河流域高家川站径流量变化过程

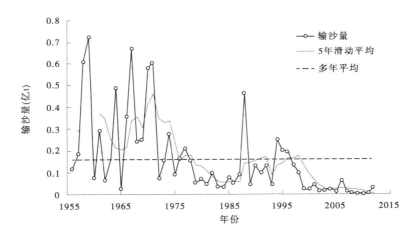

图 3-40　1956~2012 年秃尾河流域高家川站输沙量变化过程

表 3-13　秃尾河高家堡—高家川区间河道冲淤量

年份	高家堡	高家川	高家堡—高家川	冲淤量（万 m³）
	冲淤面积（m²）	冲淤面积（m²）	冲淤面积（m²）	
1983~1989	7.18	-60.43	-53.25	-157.08
1990~1999	-5.21	-83.48	-88.68	-261.61
2000~2011	-4.36	207.12	202.76	598.14
合计	-2.39	63.21	60.83	179.45

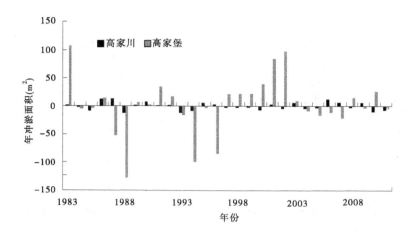

图 3-41　1983～2011 年秃尾河高家堡站和高家川站断面冲淤面积变化

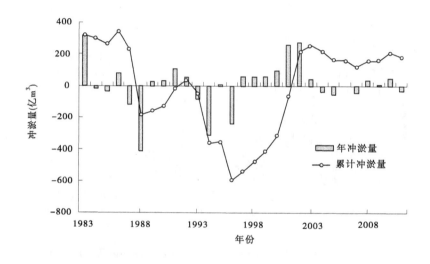

图 3-42　1983～2011 年秃尾河高家堡—高家川区间河道冲淤变化

　　图 3-43 和图 3-44 分别为秃尾河高家堡水文站和高家川水文站断面套绘图。从图 3-43 和图 3-44 中断面变化情况可以看出,高家堡水文站 2002 年汛前断面较 1983 年汛前主河槽呈冲刷态势;高家川水文站 2012 年汛前断面较 1983 年汛前断面呈总体淤积态势,这与采用断面法计算的断面冲淤性质一致。

3.3.7　窟野河

　　利用输沙率法计算得到王道恒塔—温家川区间 2007～2011 年冲刷 42.4 万 t,年均冲刷 8.5 万 t,进一步利用窟野河王道恒塔和温家川断面变化及同流量水位变化论证了结果的合理性。

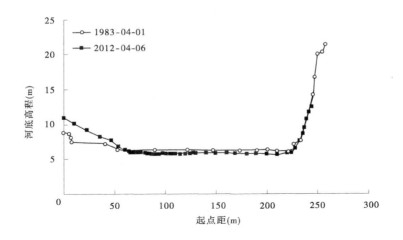

图 3-43 秃尾河高家堡水文站断面套绘图

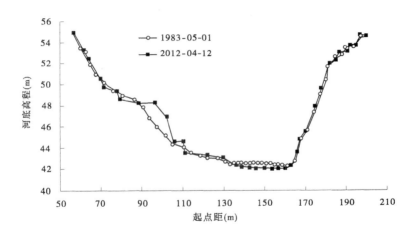

图 3-44 秃尾河高家川水文站断面套绘图

3.3.7.1 输沙率法

调查区间的降雨量,分不同的河段(王道恒塔—神木,神木—温家川),前一河段在小水期产沙,后一河段在小水期可能不产沙,可直接通过加减方法计算冲淤量。

表 3-14 为窟野河王道恒塔—温家川 2007~2011 年输沙量情况。窟野河王道恒塔—温家川区间主要汇入支流有㹀牛川,其控制水文站新庙站 5 年输沙量为 61.23 万 t,窟野河王道恒塔站和温家川站 2007~2011 年输沙量分别为 22.47 万 t 和 252.15 万 t。未控区(集水面积 3 149 km²)来沙量(未控区集水面积/新庙站集水面积×新庙站输沙量,即3 149/1 527×61.23)为 126.27 万 t,计算得到窟野河王道恒塔—温家川区间 2007~2011年冲刷 42.18 万 t,年均冲刷 8.44 万 t。

表 3-14　窟野河王道恒塔—温家川 2007～2011 年输沙量情况

年份	窟野河王道恒塔 集水面积: 3 839 km² 输沙量(万 t)	牸牛川新庙 集水面积: 1 527 km² 输沙量(万 t)	未控区 集水面积: 3 149 km² 来沙量(万 t)	窟野河温家川 集水面积: 8 515 km² 输沙量(万 t)	冲淤量 (万 t)
2007	17.3	41.9	86.41	190	-44.39
2008	4.52	18.7	38.56	39	22.78
2009	0.27	0.29	0.60	3.15	-1.99
2010	0.36	0.34	0.70	10	-8.60
2011	0.02	0	0	10	-9.98
2007～2011	22.47	61.23	126.27	252.15	-42.18
年均	4.49	12.25	25.22	50.43	-8.44

3.3.7.2　断面法

图 3-45 和图 3-46 分别是窟野河王道恒塔断面及温家川断面套绘。从图 3-45、图 3-46 中断面变化情况可以看出,王道恒塔站 2011 年汛前断面较 2007 年汛前有局部冲刷;温家川站 2011 年汛前断面河槽及右岸滩地均有不同程度的冲刷。因此,2011 年汛前窟野河王道恒塔到温家川河段为冲刷性质,这与窟野河输沙率法冲淤计算结果在定性上是一致的。

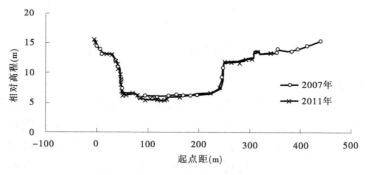

图 3-45　窟野河王道恒塔断面套绘

3.3.7.3　同流量水位法

图 3-47 为窟野河温家川站水位—流量关系。由图 3-47 可以看出,同流量情况下,2011 年水位低于 2007 年水位,说明温家川断面面积及过流能力有所增大,该断面为冲刷性质,与采用输沙率冲淤计算结果在定性上是一致的。

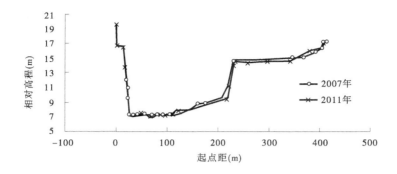

图 3-46　窟野河温家川断面套绘

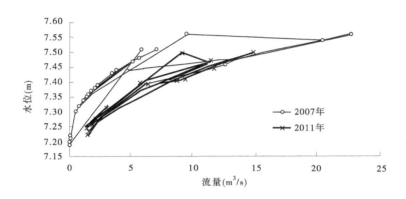

图 3-47　窟野河温家川站水位—流量关系

3.4　不同时期泥沙分布状况综合分析

　　黄河干流泥沙分布不同时期表现出不同的特点,泥沙淤积对流域及相关地区人民的生活与发展产生着深刻的影响,主要表现在:上游宁蒙河道淤积导致河道过流能力降低,防洪防凌形势严峻;中游龙潼(龙门—潼关)河道淤积以及潼关高程上升对支流渭河防洪产生不利影响,三门峡、小浪底水库淤积导致水库防洪兴利库容损失;下游河道淤积及分布不合理导致防洪防凌形势严峻;出口断面(利津水文站)泥沙量占进入干流总沙量的比重不断降低,结果必然是更大比例的泥沙沉积在干流河道或水库里,不利于黄河干流泥沙的整体配置。表 3-15 给出了黄河干流不同时期年平均主要泥沙分布与河道变化关系(表中水量、沙量、冲淤量均是时段年平均值,潼关高程是时段末特征值,平滩流量是时段末该河段重点水文断面平滩流量最小值,"二级悬河"高差用时段末油房寨断面河槽平均河底高程与滩地平均河底高程差值表征),结合表 3-15 对不同时期泥沙分布状况综合分析如下。

表3-15　黄河干流不同时期年平均主要泥沙分布与河道变化关系

时段 (年-月)		1950-07 ~ 1960-06	1960-07 ~ 1965-06	1965-07 ~ 1973-06	1973-07 ~ 1986-06	1986-07 ~ 1999-06	1999-07 ~ 2013-06
干流水 沙总量	水量(亿 m³)	563	710	550	556	396	351
	沙量(亿 t)	20.07	16.93	17.88	12.77	10.60	3.21
上游	宁蒙河段河道淤积量(亿 t)	0.98	−0.27	−0.96	−0.05	0.7	0.17
	宁蒙河段平滩流量(m³/s)	3 370	3 550	4 190	4 480	1 450	1 440
中游	龙潼河段河道淤积量(亿 t)	0.66	1.56	1.93	0.04	0.63	−0.22
	潼关高程(m)	323.4	327.95	328.13	327.08	328.43	327.55
	三门峡水库拦沙量(亿 t)	0	8.61	−0.67	−0.05	0.24	−0.14
	小浪底水库拦沙量(亿 t)	0	0	0	0	0	2.10
下游	主槽淤积量(亿 t)	0.81	−4.33	2.88	−0.19	1.68	−1.57
	滩地淤积量(亿 t)	2.77	0	1.42	1.23	0.65	0.06
	平滩流量(m³/s)	5 700	7 500	3 900	6 300	2 700	4 150
	"二级悬河"高差(m)	0	0	1.25	0.73	1.76	1.11
利津 断面	沙量(亿 t)	13.04	10.07	10.36	8.67	4.15	1.43
	占进入干流总沙量的 百分比(%)	65	59	58	68	39	44

1950 年 7 月至 1960 年 6 月,进入干流年均水量为 563 亿 m³,沙量为 20.07 亿 t,属中水丰沙时期。上游宁蒙河段年均淤积量为 0.98 亿 t,主槽平滩流量为 3 370 m³/s,河道过流能力相对较大;中游龙潼河段年均淤积量为 0.66 亿 t,潼关高程为 323.4 m;下游主槽年均淤积量为 0.81 亿 t,滩地淤积量为 2.77 亿 t,主槽平滩流量为 5 700 m³/s,河道过流能力相对较大,基本没有"二级悬河"现象;输出利津以下沙量占进入黄河干流沙量的 65%。可见,时段内输出利津以下沙量百分比较大,上游和下游泥沙淤积量虽然较大,但泥沙淤积滩槽分布合理,主槽平滩流量维持在较高水平,从泥沙配置角度看是基本合理的;由于该时期水量较大,且干流没有大型水库对洪水进行调节,黄河下游洪水灾害十分严重。

1960 年 7 月至 1965 年 6 月,进入干流年均水量为 710 亿 m³,沙量为 16.93 亿 t,属丰水中沙时期。上游宁蒙河段年均冲刷量为 −0.27 亿 t,主槽平滩流量为 3 550 m³/s,河道过流能力相对上一时段小幅增加;中游龙潼河段年均淤积量为 1.56 亿 t,潼关高程为

327.95 m,比上一时段上升了 4.55 m,三门峡水库年均拦沙 8.61 亿 t;下游主槽年均冲刷量为 4.33 亿 t,滩地淤积量为 0,主槽平滩流量为 7 500 m³/s,比上一时段增大了 1 800 m³/s,没有"二级悬河"现象;输出利津以下沙量占进入黄河干流沙量的 59%。可见,时段内输出利津以下沙量百分比比天然情况下降低了 6% 左右;由于上游水库的陆续修建,特别是青铜峡等水库的拦沙作用较大,宁蒙河道处于小幅冲刷状态;中游随着三门峡水库的蓄水拦沙运用,潼关以下库区年均拦沙量大,龙潼河段年均淤积量也较大,潼关高程大幅抬升;下游主槽平滩流量扩大,有利于提高下游河道排洪能力。该时期下游主槽平滩流量扩大,加之三门峡水库的调节作用,下游防洪形势有了一定程度的改善,但由于三门峡水库拦沙量过大,潼关高程快速大幅抬升引起社会矛盾突出,从泥沙配置角度看是不合理的。

1965 年 7 月至 1973 年 6 月,进入干流年均水量为 550 亿 m³,沙量为 17.88 亿 t,属中水中沙时期。上游宁蒙河段年均冲刷量为 0.96 亿 t,主槽平滩流量为 4 190 m³/s,河道过流能力相对上一时段明显增大;中游龙潼河段年均淤积量为 1.93 亿 t,潼关高程为 328.13 m;下游主槽年均淤积量为 2.88 亿 t,滩地淤积量为 1.42 亿 t,主槽平滩流量为 3 900 m³/s,河道过流能力比上一时段大幅降低,部分河段出现"二级悬河"的不利局面,其中油房寨断面"二级悬河"高差达 1.25 m;输出利津以下沙量占进入黄河干流沙量的 68%。可见,时段内输出利津以下沙量百分比比天然情况下降低了 7% 左右;宁蒙河道继续处于小幅冲刷状态;中游龙潼河段年均淤积量较大,三门峡水库改为"蓄清排浑"运用,潼关以下库区处于小幅冲刷状态,潼关高程变化不大;下游平滩流量大幅度减小,同时出现了"二级悬河"的不利局面,对黄河下游的防洪安全造成巨大威胁,从泥沙配置角度看是不合理的。

1973 年 7 月至 1986 年 6 月,进入干流年均水量为 556 亿 m³,沙量为 12.77 亿 t,属中水少沙时期。上游宁蒙河段年均冲刷量为 0.05 亿 t,主槽平滩流量为 4 480 m³/s,河道过流能力相对较大;中游龙潼河段年均淤积量为 0.04 亿 t,潼关高程 327.08 m,比上一时段下降了 1.05 m,三门峡水库潼关以下年均冲刷量为 0.05 亿 t;下游主槽年均冲刷量为 0.19 亿 t,滩地淤积量为 1.23 亿 t,主槽平滩流量为 6 300 m³/s,河道过流能力比上一时段明显提高,油房寨断面"二级悬河"高差为 0.73 m,比上一时段减小了 0.52 m;输出利津以下沙量占进入黄河干流沙量的 68%。可见,该时期各重点河段以及三门峡水库泥沙淤积量均较小,潼关高程明显下降,下游主槽平滩流量比上一时段明显增大,"二级悬河"状况有所改善,从泥沙配置角度看是基本合理的。

1986 年 7 月至 1999 年 6 月,进入干流年均水量为 396 亿 m³,沙量为 10.60 亿 t,属枯水少沙时期。上游宁蒙河段年均淤积量为 0.7 亿 t,主槽平滩流量大幅减小到 1 450 m³/s,河道过流能力急剧降低;中游龙潼河段年均淤积量为 0.63 亿 t,潼关高程为 328.43 m,比上一时期上升了 1.35 m,三门峡水库潼关以下年均淤积量为 0.24 亿 t;下游主槽年均淤积量为 1.68 亿 t,滩地淤积量为 0.65 亿 t,主槽平滩流量减小为 2 700 m³/s,河道过流能力比上一时段大大降低,油房寨断面"二级悬河"高差为 1.76 m,比上一时段增加了 1.03 m;输出利津以下沙量占进入黄河干流沙量百分比急剧减小为 39%。该时期上游年均淤积量与天然条件下差别不大,但是泥沙大部分淤积在主河槽里,平滩流量较天然条件下明显降低,中游潼关高程明显抬升,下游泥沙淤积滩槽分布不合理,主槽平滩流量比上一时段明显减小,"二级悬河"状况恶化,可见该时期各河段泥沙淤积矛盾突出,从泥沙配置角度看是不合理的。

1999年7月至2013年6月,进入干流年均水量为351亿 m³,沙量为3.21亿 t。上游宁蒙河段年均淤积量为0.17亿 t,主槽平滩流量维持在1 440 m³/s;中游龙潼河段年均冲刷量为0.22亿 t,潼关高程为327.55 m,比上一时期大幅下降,三门峡水库潼关以下年均冲刷量为0.14亿 t,小浪底水库年均拦沙量为2.10亿 t;下游主槽年均冲刷量为1.57亿 t,滩地淤积量为0.06亿 t,主槽最小平滩流量增大到4 150 m³/s,河道过流能力比上一时段有一定程度的改善,油房寨断面"二级悬河"高差为1.11 m,比上一时段减小了0.65 m;输出利津以下沙量占进入黄河干流沙量百分比为44%。在黄河来水来沙都较枯的不利条件下,中游潼关高程能够小幅下降,下游河道主槽平滩流量增大,"二级悬河"状况有一定程度的改善,这是该时期泥沙配置较为有利的一面。但是,该时期输出利津以下沙量占进入黄河干流沙量百分比较低,仅略大于1986~1999年,主要是泥沙更多地配置到了干流水库,小浪底水库拦沙量占进入黄河干流沙量百分比达65%,这是值得高度重视的问题。此外,上游河段年均淤积0.17亿 t,主河槽维持在较低水平,也是该时期泥沙配置过程中局部矛盾较突出的地方。

3.5 小 结

(1)黄河干流泥沙配置不同时期表现出不同的特点,泥沙淤积对流域及相关地区人民的生活与发展产生着深刻的影响,主要表现在:上游宁蒙河道淤积导致河道过流能力降低,防洪防凌形势严峻;中游龙潼河道淤积以及潼关高程上升对支流渭河防洪产生不利影响,三门峡、小浪底水库淤积导致水库防洪兴利库容损失;下游河道淤积及分布不合理导致防洪防凌形势严峻;出口断面泥沙量占进入干流总沙量的比重不断降低,结果必然是更大比例的泥沙沉积在干流河道或水库里。

(2)从黄河干流六个时期泥沙分布特点及综合分析可以看出,减轻黄河干流泥沙淤积主要可以通过三个途径实现:一是有效增加输沙水量,改善黄河干流的水沙搭配,例如1973年7月至1986年6月水沙条件较好,泥沙淤积矛盾就不明显,建议加快调水入黄工程建设;二是干流控制性水库合理拦沙,例如1999年9月至2013年6月小浪底水库拦沙作用改善了黄河下游河道过流条件,建议加快干流古贤、碛口等控制性拦沙水库建设;三是合理配置泥沙淤积滩槽分布,例如天然条件下(1950年7月至1960年6月)黄河下游泥沙淤积量与1965年7月至1973年6月及1986年7月至1999年6月三个时期的淤积都较严重,但是天然条件下滩地淤积比例较大,河槽淤积矛盾不突出,而1965年7月至1973年6月和1986年7月至1999年6月由于滩地淤积比例小,泥沙淤积矛盾十分突出,建议通过有计划地采取漫滩洪水调度以及人工放淤等措施改善黄河下游滩槽泥沙淤积比例。

(3)从调查的典型支流河道冲淤看,2007年以来,渭河、泾河、北洛河年均冲淤幅度较大,其他4条支流年均总冲淤量不超过100万 t。渭河近年总体表现为冲刷状态,年均冲刷量为3 936万 t,冲刷主要集中在咸阳以下,咸阳以上区间以淤积为主;泾河近年总体表现为微冲状态,年均冲刷量为264万t,冲刷主要集中在景村以下,景村以上区间以淤积为主;北洛河近年总体表现为微淤状态,年均淤积量为435万t,洑头以上区间以淤积为主,冲刷主要集中在洑头以下。本次调查支流年均总冲淤量约为 − 3 700万t,但考虑到河道采砂等具体数据本次尚未系统查明,因此支流冲刷的泥沙是否全部进入黄河干流,还有待进一步深入研究。

参 考 文 献

龙毓骞,林斌文,熊贵枢.输沙率测验误差的初步分析[J].泥沙研究,1982(4):52-58.

第4章　流域泥沙优化配置理论

4.1　流域泥沙配置的主要研究内容

流域泥沙配置问题属于泥沙治理规划范畴,简单来说就是对流域一定时期内的泥沙进行安排和分配。

河流中运动着的泥沙,就其来源而言,可以分为两大类:一类是从流域地表冲蚀而来的;另一类是从河床上冲起来的,在运动过程中,二者存在着置换作用。流域泥沙问题贯穿河源至河口,涉及社会、经济、生态环境等诸多领域,涵盖水资源开发与利用、水沙运动规律研究、水沙灾害的评估与防治等各个方面,是一个复杂的系统工程,对其研究的主要任务包括:

(1)流域产流产沙:配置研究必须先了解、掌握流域产流产沙规律及变化规律。流域水沙分析是充分考虑气候变迁和流域治理,研究典型丰、平、枯年份,流域水沙量及分布特点。

(2)流域社会经济发展及需求:流域社会经济的发展遵循一定的规律,但是它也必然受到流域水沙条件的约束。探索流域现实可行的经济社会发展规模和发展方向,推求合理的生产布局,研究现状条件下的水沙配置结构、效率及相应的技术措施,分析预测未来生活水平提高、国民经济发展条件下的泥沙配置需求。

(3)泥沙配置效益:研究不同泥沙配置方案投资成本及产生的直接和间接效益,由于泥沙配置任务的特殊性,对泥沙配置效益的分析应包含社会、生态和经济的综合效益,当前效益及长期效益。

(4)泥沙配置技术与方法:流域泥沙配置技术主要包括水土保持技术、水库水沙调度技术、引水引沙技术、泥沙配置模型技术等。研究有利于流域生态恢复及减少流域产沙量,增加流域可用水资源总量的流域水土保持技术;有利于合理利用水资源实现水库减淤及河道输沙效率提高的水库水沙优化调度技术;实现水资源高效利用的先进引水引沙技术;科学合理的水沙运动模拟模型、泥沙配置模型等。

4.2　流域泥沙配置的目标和原则

4.2.1　配置目标

流域泥沙优化配置问题是一个战略性问题,配置目标的确定需要合理对待流域总体利益与局部利益、短期利益与长期利益的关系。配置目标必然是达到有利于流域水资源高效利用、减小洪水威胁的目的,使流域居民安居乐业,减轻泥沙不合理配置引起的生态环境恶化,同时配制措施要尽可能节省人力、物力。具体到某一特定流域,其目标的论证建立在流域泥沙配置历史基础上,通过总结历史和现状条件下泥沙配置经验和教训,结合先进的流域水利管理观念和理论,确定流域泥沙配置目标。

流域泥沙配置单元(分河段)主要包括水土保持减沙、水库拦沙、引水引沙、淤滩(人工放淤和洪水淤滩)、固堤(引沙淤临淤背)、河槽冲淤、输出河段等。设不同泥沙配置单元泥沙配置量为 W_S(泥沙配置表现为灾害时效益系数为负值),泥沙配置分类目标可表示为

$$Z_t = \max \sum_{i=1}^{n} f_i \left[C_{it} (W_S)_i \right] \tag{4-1}$$

式中　Z_t——第 t 个目标函数值,共有 k 个目标;

　　　i——泥沙配置单元序号;

　　　n——配置单元数;

　　　C_{it}——泥沙配置效益系数;

　　　f_i——反映各种配置量所产生效益的函数关系,它代表泥沙配置对社会、生态及经济效益的贡献能力。

根据配置原则,考虑流域泥沙配置综合效益最大化,流域泥沙优化配置的综合目标函数可表示为

$$Z = \max \sum_{t=1}^{k} \left\{ \sum_{i=1}^{n} R_{it} f_i \left[C_{it} (W_S)_i \right] \right\} \tag{4-2}$$

式中　R_{it}——目标权重系数,反映配置单元单位配置量对综合目标的贡献率。

4.2.2　配置原则

流域泥沙配置主要涉及水沙、社会、生态、经济 4 个方面,应遵循以下 4 个基本原则。

(1)科学性原则:流域水沙配置一方面要遵循水流运动规律,泥沙运动规律、分布特征,水沙过程与河床调整的响应关系;另一方面,要遵循社会、经济发展的规律。

(2)公平合理性原则:公平合理性原则以满足不同区域间和流域各配置单元间的利益合理分配为目标。由于泥沙配置涉及人民生活、发展等多方面,所以它不一定遵循经济学中资源配置的有效性原则,它更强调各河段各配置单元之间的协调分配,以及对泥沙的高效利用和对防灾减灾进行统筹,以免发生有益于这个区域或单元而有害于另一个区域或单元的情况。合理统筹考虑各方利益,以求得泥沙配置综合效益最大为原则。

(3)可持续性原则:可持续性一般理解为资源利用应不仅使当代人受益,而且能保证后代人享受同等的权利。泥沙淤积河道和水库引起的防洪问题严重威胁人类社会安全,泥沙灾害性往往在于其累计效应,不合理的泥沙配置可能会在将来产生严重的负面后果。区域发展模式要适应当地水沙条件,保持流域河道持续可用的排洪输水输沙能力。

(4)与自然和谐发展原则:流域系统只有在自身健康发展的状态下才能为人类提供生存和发展的基本物质条件。流域自然生态功能的平衡主要反映在以下几个方面:有足够的生态水量维持其生命和活力;具有丰富的水生生物,保持流域生物多样性;湿地面积保留适当。

4.3 流域泥沙配置机制

4.3.1 水沙运动规律配置

含沙水流的运动规律是非常复杂的,但泥沙冲淤的基本原因主要取决于含沙水流所输送的沙量和水流输沙能力的对比关系,根据河床演变的基本原理:如果进入某一区域的沙量大于这一区域水流所能输送的沙量,河床将会产生淤积,使床面升高;与此相反,如果进入某一区域的沙量小于这一区域水流所能输送的沙量,河床将会产生冲刷,使床面降低。

定量预测含沙水流泥沙冲淤量,目前较常用的手段是水动力学模型模拟法和经验关系式法。近年来,泥沙数学模型研究得到了飞速发展,在许多重大工程如长江三峡工程、黄河小浪底工程中应用并取得良好效果。其中一维恒定流泥沙数学模型对于长时段、长河段泥沙的冲淤计算已经比较成熟,其基本方程包括水流连续方程、水流运动方程、泥沙连续方程(或称悬移质扩散方程)及河床变形方程,具体如下:

(1)水流连续方程:

$$\frac{dQ}{dX} = 0 \tag{4-3}$$

(2)水流运动方程:

$$\frac{d}{dX}\left(\frac{Q^2}{A}\right) + gA\left(\frac{dZ}{dX} + J\right) = 0 \tag{4-4}$$

(3)泥沙连续方程:

$$\frac{\partial}{\partial X}(QS) + \gamma' \frac{\partial A_d}{\partial t} = 0 \tag{4-5}$$

(4)河床变形方程:

$$\gamma' \frac{\partial Z_b}{\partial t} = \alpha\omega(S - S_*) \tag{4-6}$$

式中　X——流程;

t——时间;

Q——流量;

A——过水面积;

Z——水位;

J——能坡;

A_d——断面冲淤面积;

g——重力加速度;

α——恢复饱和系数;

S——断面平均含沙量;

S_*——断面平均挟沙力;

γ'——淤积物干容重;

Z_b——河床高程;

ω——颗粒沉速。

以上各参变量均采用国际单位制(下同)。

限于当前泥沙研究理论尚未成熟,水动力学模型的应用还不具有通用性,特别是一些泥沙问题比较复杂的多沙河流,如黄河的高含沙水流冲淤、特殊河段揭河底冲刷等现象的模拟技术还没有得到彻底、有效的解决。因此,在分析实测资料的基础上,通过深入研究河段冲淤与不同水沙条件、不同因子之间的关系,也是预测泥沙冲淤量的有效手段。

由于水沙条件沿程不断变化,加上河道边界条件的改变,含沙水流所输送的沙量和水流输沙能力的对比关系也不断改变。在天然条件下或者是人为因素干扰较小的流域,进入河道的泥沙就是按照这一机制被配置到不同河段的不同部位。

4.3.2 水沙运动规律结合行政管理

经过长期实践总结,人们认识到泥沙具有灾害性和资源性双重属性。

其灾害性主要表现为河道严重淤积,主河槽过水面积减少及过洪能力降低,相同频率洪水灾害损失加重;水库严重淤积,防洪库容和兴利库容损失;水库淤积上延,影响上游干支流防洪及城镇居民生活;泥沙不合理分布导致土地盐碱化、沙化等。

王延贵、胡春宏等以自然资源的概念和属性为基础,通过对流域泥沙的离散性、吸附性、可搬运性等属性,以及水沙不可分性、水沙不协调性、水沙时空分布不均匀性、水沙产生异源等特征的研究,认为流域泥沙具有自然资源的有效性、可控性和稀缺性等属性,指出流域泥沙具有资源性,是一种特殊的自然资源。流域泥沙的资源性集中体现为填海造陆、引黄淤灌改土、淤临淤背及作为建筑材料等,为流域人民的居住、耕种和生产提供了优越条件。

但是总的来看,在目前生产力条件下,黄河泥沙仍主要表现为灾害性,而且流域泥沙也不像普通商品那样容易直接利用和产生经济效益,泥沙作为资源利用的市场尚难建立。因此,流域泥沙今后很长一段时间内主要是流域管理机构以减小泥沙灾害为目的,同时结合水沙运动规律对流域泥沙进行配置。

4.4 流域泥沙配置主要平衡关系

流域泥沙系统有其自身的运动规律,认识水沙运动的内在联系是流域泥沙优化配置的重要内容;水资源是人类社会存在和发展的基础,泥沙淤积河道和水库引起的防洪问题又严重威胁人类社会安全;泥沙系统是生态系统的重要组成部分,合理的水沙配置可以塑造陆地、耕地、湿地及良好的水生态系统,不合理的水沙配置则会导致土地沙化及湿地破坏。所以,在流域水沙配置过程中,应考虑水沙系统内部平衡、与社会经济系统平衡以及与生态环境系统平衡3个方面的关系。

4.4.1 水沙系统内部平衡关系

水沙平衡主要包含水沙量平衡、水流输沙平衡,流域水沙配置过程中要充分考虑和利用这些平衡关系,达到趋利避害的目的。

水量平衡是指水量沿程变化量应该等于区间水量的消耗总量与区间来水量之和,可以下述方程表示:

$$\frac{dW}{dX} + \sum_{i=1}^{n} W_i - \sum_{j=1}^{n} W_j = 0 \tag{4-7}$$

沙量平衡是指沙量的沿程变化等于河段用沙量、河道冲淤量以及区间来沙量之和,可以用下述方程表示:

$$\frac{dW_s}{dX} - \gamma' V_d + \sum_{i=1}^{n} (W_s)_i - \sum_{j=1}^{n} (W_s)_j = 0 \tag{4-8}$$

水流输沙平衡可以用流量与水流挟沙能力的乘积表示:

$$W_s = \int Q \cdot S_* = \int Q \cdot K \left(\frac{V^3}{gR\omega}\right)^m \tag{4-9}$$

式中　　W——水量;

$\quad\quad X$——流程;

$\quad\quad W_i$——区间来水量;

$\quad\quad W_j$——区间不同单元耗水量;

$\quad\quad W_s$——沙量;

$\quad\quad \gamma'$——淤积物干容重;

$\quad\quad V_d$——河段冲淤体积(冲刷为负、淤积为正);

$\quad\quad (W_s)_i$——区间来沙量;

$\quad\quad (W_s)_j$——区间不同单元用沙量;

$\quad\quad Q$——流量;

$\quad\quad S_*$——断面平均挟沙力;

$\quad\quad K、m$——挟沙力系数、指数;

$\quad\quad V$——断面平均流速;

$\quad\quad g$——重力加速度;

$\quad\quad R$——水力半径;

$\quad\quad \omega$——泥沙颗粒沉速。

4.4.2 流域水沙量与社会经济之间的供需平衡关系

当前条件下,水力输沙是流域泥沙配置的主要动力,泥沙配置的变化必然引起水资源配置的变化。流域社会经济对水沙资源的需求是一个动态的过程,主要受流域经济总量、经济结构以及行业资源利用效益的影响。例如,黄河流域现状条件是水少沙多,短期内这一特点不会变化,配置的基本原则是抑制水资源需求和增加泥沙资源需求。抑制水资源需求可以通过流域产业结构调整、推广先进的节水技术以及提高水流输沙效率等措施节省水资源;增加泥沙资源需求的基本途径是研究有利于黄河泥沙资源化利用的途径,包括引洪淤灌、淤临淤背、堤防工程用沙、填海造陆与造地、塑造湿地、建筑材料转化等将黄河泥沙变害为利的资源化利用方法。在水沙供给方面,主要是通过科学规划、优化调度来有效增加供水量;推广先进的水土保持技术减少流域产沙量;研究高效的水沙调控技术,合理进行水沙调度,优化流域泥沙配置结构。

4.4.3 流域泥沙与生态环境系统平衡关系

流域泥沙配置对生态环境的影响主要有两个方面:一方面是泥沙配置与水质的关系;另一方面是泥沙配置与流域湿地面积、土地沙化面积的关系。

泥沙对水质的影响:泥沙对重金属具有较高的饱和吸附量,未达到饱和吸附量的泥沙,具有一定的吸附势,只要水沙充分混合接触,泥沙吸附趋向达到饱和吸附量。受重金属污染的多沙河水,经沉淀处理可降低水中重金属浓度,但是泥沙吸附的重金属,在一定条件下有可能溶出,特别是条件恶化,如 pH 下降、氧化还原电位降低、水中离子强度增大等,均可导致泥沙中重金属的释放,造成二次污染。此外,黄河水体中大量泥沙的存在,使黄河水中可溶性盐类和有机质含量都高于纯水,故水中泥沙对有毒有机物的水溶性有一定影响。

水资源和泥沙是构成湿地的两大主体,合理的泥沙淤积与适当的水资源配给,可以维持和塑造湿地,促进生态环境改善。不合理的泥沙淤积(如湖泊泥沙淤积、引水引沙泥沙不合理堆放),或者水资源严重短缺,均会导致湿地面积减少,生态环境恶化。

因此,流域水沙配置应重视泥沙配置质与量的平衡,促进流域生态环境健康发展。

4.5 流域泥沙配置决策方法

所谓流域泥沙配置决策,是决策者针对不同水沙条件,以实现流域整体利益最大化为出发点,决定流域泥沙的配置方案。为此,决策者需权衡泥沙配置对如下问题的影响。

4.5.1 泥沙淤积对防洪的影响

洪水灾害历来是威胁我国人民生存发展的心腹之患。中国工程院重大咨询项目"中国防洪减灾对策研究"分析指出:中华人民共和国成立以前,我国主要江河多次发生大洪水和特大洪水。1915 年珠江洪水,1931 年长江、淮河大水,1933 年黄河大水,1939 年海河大水。1949 年长江、珠江、淮河、黄河同年发生较大洪水。历次大洪水的受灾农田都在1 亿亩以上,受灾人口达数千万人。1990 年以来,我国的水灾损失更是达到 8 000 亿 ~10 000 亿元,按年分布情况见表 4-1。

表 4-1 1990 年以来我国水灾损失统计

年份	1991	1994	1995	1996	1998
经济损失(亿元)	780	1 740	1 650	2 200	2 500 ~ 3 000

可见,随着经济社会的发展,近年我国洪水灾害损失有逐年大幅度增加的趋势。师长兴、章典等通过研究中国洪涝灾害与气候、泥沙淤积及人类活动的关系发现:泥沙在河湖及水库的淤积可能是我国洪涝灾害增加的主要原因,并研究了泥沙作用于洪涝灾害的形式,主要是湖库淤积、河道泥沙淤积及河口泥沙淤积三方面。

倪晋仁、李秀霞、薛安等根据泥沙灾害的链式特征,提出了泥沙灾害链的定义、特征、类型,并对黄河、长江两大流域泥沙灾害链特征进行了分析,给出了泥沙淤积导致洪水灾害加重的泥沙灾害链关系(见图4-1、图4-2)。

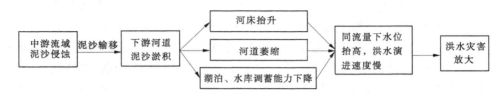

图4-1 黄河流域典型泥沙灾害链

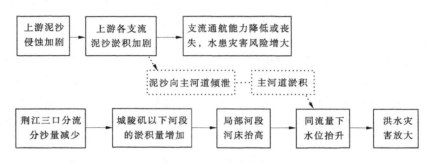

图4-2 长江流域泥沙灾害链及潜在灾害链

从上述分析可以看出,泥沙淤积是增大洪水灾害的重要原因,泥沙淤积对增大洪水灾害的影响是一个流域性问题,减小流域泥沙灾害需从流域角度,通过把泥沙合理配置在不同河段,实现泥沙淤积对流域防洪的不利影响达到最小。

4.5.2 泥沙淤积对水资源利用的影响

我国水资源在时间分布上是很不均匀的,南方的雨季大致是3~6月,或是4~7月,这期间的降水量占全年的50%~60%;在北方,不仅降水量小于南方,而且分布不均匀,一般在6~9月的降水量达到全年的70%~80%,有时甚至集中在两个月内。为了更充分地利用水资源,对水资源进行年内(甚至年际)再分配是必然的客观需求,能够实现这一功能的主要途径就是修建坝库拦蓄水资源。但是,在河流上修建拦蓄工程,将破坏天然水沙条件与河床形态的相对平衡状态,库区水位壅高,坝前侵蚀基准面抬高,使水深增大,水面比降减缓,流速减小,水流输沙能力显著降低,促使大量泥沙在库内淤积,其结果是水库有效库容减小,防洪、灌溉、供水、发电功能损失。

中国北方流域水流含沙量都比较高,最典型的黄河流域多年平均含沙量达37.6 kg/m³,为世界大江大河之最。在黄河干流上修建水库,如果运用方式不当,水库库容的损失速度是非常惊人的。黄河三门峡水库 1960 年 9 月投入运用,到了 1964 年汛后,335 m 高程以下库容仅为 57 亿 m³,损失 43%;330 m 高程以下库容,建库初为 55.4 亿 m³, 1964 年汛后减小至 21.5 亿 m³,损失库容 33.9 亿 m³,损失率达 61%。山西省水利科学研究所对该省内 43 座大、中型水库进行统计,结果显示,到 1974 年水库损失率为 31.5%;陕西省水利科学研究所 1973 年统计了该省 100 万 m³ 以上水库 192 座,发现水库淤积使库容损失达 31.6%。

水库蓄水运用产生的泥沙灾害问题不仅仅局限于水库库容的损失,水库拦水拦沙对下游河道冲淤演变的影响也十分复杂。根据国内已建大型水库下游河道冲淤的研究成果,总体可以分为冲刷侵蚀型灾害和淤积萎缩型灾害两大类。

一般情况下,由于水库拦蓄泥沙,下泄水流含沙量降低,低含沙水流在水库下游河道将产生冲刷,水库下游河道冲刷具有利弊两个方面。冲刷增大河槽面积,引起下游河道洪水位普遍降低,对防洪是有利的;但冲刷导致的护岸、堤防工程不稳定,滩地面积损失等负面影响也应该引起足够重视。

金德生、师长兴、陈浩等把泥沙灾害划分为侵蚀型、输移(搬运)型、堆积型、复杂型及关联型 5 种类型。其中,侵蚀型泥沙灾害是指:地表固体物质在降雨、水动力作用下,发生破碎、移动,亦即侵蚀过程中,造成危及人身安全、经济损失及生态环境恶化的泥沙灾害。其主要表现为:基面下降时,在水系回春过程中,尤其是回春之初出现泥沙灾害,冲沟头强烈延伸,坡面强烈下切。在山麓、冲积平原和海岸带地区,由于山体抬升或径流增加,老的陆上三角洲、洪积扇或冲积扇切割,在其下游塑造新的陆上三角洲、洪积扇或冲积扇;在海岸带,由于海面上升、海岸局部下降,风暴潮加剧,引起海岸加速侵蚀等。

韩其为、何明民等在《三峡水库修建后下游长江冲刷及其对防洪的影响》一书中指出:下游河道冲刷对防洪的不利影响,主要是冲刷过程中河岸崩坍和展宽。这里分两种情况,第一种是在冲刷过程中有的河段会出现明显的全面展宽,以致原来两岸堤距不够,从而危及大堤基础,此时必须大量修建护岸工程,这种明显展宽多与造床流量加大或河型变化有关。第二种是在某些河段虽然有一定展宽,但展宽数值小,展宽后的河槽宽仍然小于原来两岸堤距,而且从河相系数看,不仅没有增加,反而有所减小,即河床趋于窄深,河势的稳定性有所增加。但是由于河势的某些变化,如主流贴岸段移动和顶冲点改变,此时有可能使未设防处的岸壁发生局部崩坍,从而需要增加新的护岸工程。

黄河下游广大的滩地既是黄河洪水的行洪区,又是滩区群众赖以生产、生活的场所。滩区涉及河南、山东两省 15 个地(市)43 个县(区)。滩区耕地 24.97 万 hm²,村庄 2 071 个,人口 180 多万人。三门峡水库下泄清水期,由于中水流量历时长,水流主流顶冲位置较稳定,坐弯很死,加上清水冲刷能力强,长时间的中水淘刷滩地及险工坝头,造成滩地大量坍塌和险情增加。潘贤娣等通过航空照片资料分析得出:黄河下游铁谢—陶城铺河段滩地坍塌沿程变化,4 年内共坍塌滩地 300 km²,给滩区人民的生活和生产带来很大的困难。三门峡建库后黄河下游的险情也有新的变化:一是各年的工程出险次数及抢险石料,由于河势多变,比建库前增多;二是抢险历时延长,建库前流量起伏多变,河势时而上提,时而下挫,一道坝在遭到水流顶冲出险后,不久就因河势的外移而脱险,建库后,因受水库的调节,来水过程趋于平稳,工程靠溜后,长时间不能脱险;三是险工坝头的局部冲刷深度普遍加大,过去黄河险工坝头的护脚根石深度一般有"够不够,三丈六"的说法,清水冲刷时普遍加大到"四丈五"左右;四是三门峡水库有时在非汛期开闸泄流,使下游在汛后出险,改变了过去非汛期一般不抢险的局面。

此外,河道沿程引水对河道冲淤的影响以及水库下游冲淤对航运的影响等都是关系到流域生产、生活的重要问题。

泥沙冲淤影响是非常广泛的,泥沙的配置涉及流域人民生活、生产诸多方面。流域决策者必须统筹协调泥沙淤积灾害防治与水资源利用的矛盾,流域泥沙配置是典型的多目标决策问题。解决该问题比较有效的手段是建立流域泥沙配置模型,从需求上看,该模型应该具有管理和规划两大功能。模型的管理功能主要表现为一定的时期范围内,流域不同的水沙条件下,泥沙如何配置;模型的规划功能要求实现长系列水沙条件下,流域内水沙配置工程修建的时间以及运用的模式。

综合上述分析,得出流域泥沙配置理论框架,见图4-3。

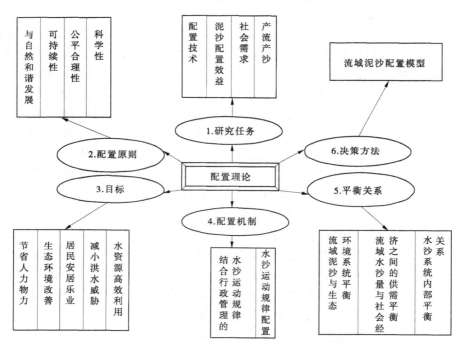

图4-3 流域泥沙配置理论框架

4.6 小 结

通过理论探讨得出以下结论和成果:

(1)流域泥沙配置研究主要涉及流域产流产沙分析、流域社会经济发展及需求分析、泥沙配置效益分析、泥沙配置技术与方法分析等内容。

(2)泥沙配置应该遵循科学性、公平合理性、可持续性、与自然和谐发展等基本原则。

(3)泥沙配置的目标是达到有利于流域水资源高效利用、减小洪水威胁的目的,使流域居民安居乐业,减轻泥沙不合理配置引起的生态环境恶化,同时配制措施要尽可能节省人力物力。具体到某一特定流域,其目标的论证建立在流域泥沙配置历史基础上,通过总结历史和现状条件下泥沙配置经验和教训,结合先进的流域水利管理观念和理论,确定流域泥沙配置目标。

(4)对流域泥沙配置的机制进行了分析,认为在目前生产力条件下,长江、黄河等大型流域,泥沙仍主要表现为灾害性,而且流域泥沙也不像普通商品那样容易直接利用产生经济效益,泥沙作为资源利用的市场尚难建立,因此流域泥沙今后很长一段时间内主要是流域管理机构以减小泥沙灾害为目的,同时结合水沙运动规律对流域泥沙进行配置。

(5)论证了流域泥沙配置是典型的多目标决策问题。解决该问题比较有效的手段是建立流域泥沙配置模型,从需求上看,该模型应该具有管理和规划两大功能。模型的管理功能主要表现为一定的时期内,流域不同的水沙条件下,泥沙如何配置;模型的规划功能要求实现长系列水沙条件下,流域内水沙配置工程修建的时间以及运用的模式。

(6)通过对流域泥沙配置相关问题的研究,系统提出了流域泥沙配置理论。

参 考 文 献

[1] 张瑞瑾.河流泥沙动力学[M].4 版.北京:中国水利水电出版社,1998.
[2] 谢鉴衡.河床演变及治理[M].4 版.北京:中国水利水电出版社,1996.
[3] 杨国录.河流数学模型[M].北京:海洋出版社,1992.
[4] 王延贵,胡春宏,等.流域泥沙的资源化及其实现途径[J].水利学报,2006,37(1):21-27.
[5] 赵沛伦,申献辰,夏军,等.泥沙对黄河水质影响及重点河段水污染控制[M].郑州:黄河水利出版社,1998.
[6] 徐乾清.中国防洪减灾对策研究[M].北京:中国水利水电出版社,2002.
[7] 师长兴,章典.中国洪涝灾害与泥沙关系[J].地理学报,2000,55(5):627-636.
[8] 倪晋仁,李秀霞,薛安,等.泥沙灾害链及其在灾害过程规律研究中的应用[J].自然灾害学报,2004,3(5):1-9.
[9] 杨庆安,龙毓骞,缪凤举,等.黄河三门峡水利枢纽运用与研究[M].郑州:河南人民出版社,1995.
[10] 山西省水利科学研究所.我省部分中小型水库淤积调查初步分析[R].1974.
[11] 陕西省水利科学研究所.陕西省百万立方米以上水库淤积调查报告[R].1974.
[12] 金德生,师长兴,陈浩,等.流域系统的泥沙灾害类型及其划分原则[J].地理学报,2002,57(2):238-248.
[13] 韩其为,何明民,等.三峡水库修建后下游长江冲刷及其对防洪的影响[J].水力发电学报,1995(3):34-46.
[14] 潘贤娣,李勇,张晓华,等.三门峡水库修建后黄河下游河床演变[M].郑州:黄河水利出版社,2006.

第 5 章　黄河干流泥沙优化配置模型

5.1　方程的一般形式

由流域泥沙配置理论可知,黄河流域泥沙配置问题是一个多目标规划问题,其基本方程包含目标函数和约束条件两大部分。其主要研究内容是确定配置的目标、实现目标的途径、配置过程中受到的约束条件以及推荐配置方案等。

泥沙空间优化配置研究是泥沙学科研究较薄弱的方向,基于减小研究难度的目的,本书不考虑水土保持单元对流域泥沙配置产生的影响,泥沙配置的对象主要是进入黄河干流的泥沙。

根据黄河流域泥沙分布的实测资料分析,黄河流域泥沙配置单元主要包括坡面及沟道的水土保持拦沙、干流水库拦沙、引用水资源过程中的引沙、滩区淤沙(包括自然洪水淤滩和人工有计划的淤滩)、用沙(主要形式有加固大堤、建筑材料转化等)、河槽淤积、输出河段等。由流域泥沙配置理论可知,流域泥沙优化配置可用综合目标函数表示:

$$Z = \max \sum_{t=1}^{k} \left\{ \sum_{i=1}^{n} R_{it} f_i \left[C_{it} \left(W_S \right)_i \right] \right\} \tag{5-1}$$

挟沙水流运动及其引起的河道冲淤是十分复杂的,黄河流域泥沙问题更是公认的世界性难题,各配置单元泥沙配置量的效益函数及由某配置单元泥沙配置量变化导致其他单元配置量变化是一个非线性的复杂过程,目前要定量描述这一过程是十分困难的。结合多年来各方面专家的研究成果,通过把一些复杂问题进行简化或半定量化,是可以实现定量计算黄河流域泥沙配置问题的。层次分析法是解决这类问题的行之有效的方法。层次分析法(Analytic Hierarchy Process,简称 AHP)是将复杂的决策系统层次化,通过逐层比较各种关联因素的重要性来为分析、决策提供定量的依据。据此,将式(5-1)简化为线性目标函数形式:

$$Z = \sum_{i=1}^{n} C_i \left(W_S \right)_i = \text{Max} \tag{5-2}$$

由于简化后的线性目标函数忽略了各配置单元泥沙配置量变化之间的响应关系,在模型求解过程中,需要根据黄河流域水沙运动规律研究取得的成果,以约束条件的形式对计算过程进行控制。

综上所述,黄河干流泥沙空间优化配置方程的基本形式为

$$\begin{cases} \text{目标函数} \quad Z = \sum_{i=1}^{n} C_i \left(W_S \right)_i = \text{Max} & (5\text{-}3) \\ \text{约束条件} \quad A \left(W_S \right)_i \leqslant b_i & (5\text{-}4) \end{cases}$$

式中　Z——目标函数;

n——配置单元个数；

C_i——配置变量权重系数；

$(W_s)_i$——配置变量；

A——配置约束条件系数矩阵；

b_i——约束量。

5.2 层次分析法的基本步骤

层次分析法是对一些较为复杂、较为模糊的问题做出决策的简易方法，它特别适用于那些难于完全定量分析的问题。它是美国运筹学家 T. L. Saaty 教授于 20 世纪 70 年代初期提出的一种简便、灵活且实用的多准则决策方法。

人们在进行社会的、经济的以及科学管理领域问题的系统分析中，面临的常常是一个由相互关联、相互制约的众多因素构成的复杂而往往缺少定量数据的系统。层次分析法为这类问题的决策和排序提供了一种新的、简洁且实用的建模方法。

运用层次分析法建模，大体上可按以下四个步骤进行：

（1）建立递阶层次结构模型；

（2）构造出各层次中的所有判断矩阵；

（3）层次单排序及一致性检验；

（4）层次总排序及一致性检验。

以下分别说明这四个步骤的实现过程。

5.2.1 递阶层次结构的建立与特点

应用 AHP 分析决策问题时，首先要把问题条理化、层次化，构造出一个有层次的结构模型。在这个模型下，复杂问题被分解为元素的组成部分。这些元素又按其属性及关系形成若干层次。上一层次的元素作为准则对下一层次有关元素起支配作用。这些层次可以分为以下三类：

（1）最高层：这一层次中只有一个元素，一般它是分析问题的预定目标或理想结果，因此也称为目标层。

（2）中间层：这一层次中包含了为实现目标所涉及的中间环节，它可以由若干个层次组成，包括所需考虑的准则、子准则，因此也称为准则层。

（3）最底层：这一层次包括了为实现目标可供选择的各种措施、决策方案等，因此也称为措施层或方案层。

递阶层次结构中的层次数与问题的复杂程度及需要分析的详尽程度有关。一般地，层次数不受限制。每一层次中各元素所支配的元素一般不要超过 9 个。这是因为支配的元素过多会给两两比较判断带来困难。

5.2.2 构造判断矩阵

层次结构反映了因素之间的关系，但准则层中的各准则在目标衡量中所占的比重不一定相同,在决策者的心目中,它们各占有一定的比例。

在确定影响某因素的诸因子在该因素中所占的比重时,遇到的主要困难是这些比重常常不易定量化。此外,当影响某因素的因子较多,直接考虑各因子对该因素有多大程度的影响时,常常会因考虑不周全、顾此失彼而使决策者提出与他实际认为的重要性程度不相一致的数据,甚至有可能提出一组隐含矛盾的数据。

设现在要比较 n 个因子 $X = \{x_1, x_2, \cdots, x_n\}$ 对某因素 Z 的影响大小,怎样比较才能提供可信的数据呢? Saaty 等建议可以采取对因子进行两两比较建立成对比较矩阵的办法。即每次取两个因子 x_i 和 x_j,以 a_{ij} 表示 x_i 和 x_j 对 Z 的影响大小之比,全部比较结果用矩阵 $A = (a_{ij})_{n \times n}$ 表示,称 A 为 Z—X 之间的成对比较判断矩阵(简称判断矩阵)。容易看出,若 x_i 与 x_j 对 Z 的影响之比为 a_{ij},则 x_j 与 x_i 对 Z 的影响之比应为 $a_{ji} = \dfrac{1}{a_{ij}}$。

定义 1 若矩阵 $A = (a_{ij})_{n \times n}$ 满足

(1) $a_{ij} > 0$

(2) $a_{ji} = \dfrac{1}{a_{ij}}$ $(i, j = 1, 2, \cdots, n)$

则称之为正互反矩阵(易见 $a_{ii} = 1, i = 1, 2, \cdots, n$)。

关于如何确定 a_{ij} 的值,Saaty 等建议引用数字 1~9 及其倒数作为标度。表 5-1 列出了 1~9 标度的含义。

表 5-1　1~9 标度的含义

标度	含义
1	表示两个因素相比,具有相同重要性
3	表示两个因素相比,前者比后者稍重要
5	表示两个因素相比,前者比后者明显重要
7	表示两个因素相比,前者比后者强烈重要
9	表示两个因素相比,前者比后者极端重要
2,4,6,8	表示上述相邻判断的中间值
倒数	若因素 i 与因素 j 的重要性之比为 a_{ij},那么因素 j 与因素 i 的重要性之比为 $a_{ji} = \dfrac{1}{a_{ij}}$

从心理学观点来看,分级太多会超越人们的判断能力,既增加了进行判断的难度,又容易因此而提供虚假数据。Saaty 等还用试验方法比较了在各种不同标度下人们判断结果的正确性,试验结果也表明,采用 1~9 标度最为合适。

最后,应该指出,一般地进行 $\dfrac{n(n-1)}{2}$ 次两两判断是必要的。有人认为把所有元素都和某个元素比较,即只进行 $n-1$ 次比较就可以了。这种做法的弊病在于,任何一个判断的失误均可导致不合理的排序,而个别判断的失误对于难以定量的系统往往是难以避免的。进行 $\dfrac{n(n-1)}{2}$ 次比较可以提供更多的信息,通过各种不同角度的反复比较,从而导出一个合理的排序。

5.2.3 层次单排序及一致性检验

判断矩阵 A 对应于最大特征值 λ_{max} 的特征向量 W,经归一化后即为同一层次相应因素对于上一层次某因素相对重要性的排序权值,这一过程称为层次单排序。

上述构造成对比较判断矩阵的办法虽能减少其他因素的干扰,较客观地反映出一对因子影响力的差别,但综合全部比较结果时,其中难免包含一定程度的非一致性。如果比较结果是前后完全一致的,则矩阵 A 的元素还应当满足:

$$a_{ij}a_{jk} = a_{jk} \qquad (\forall i,j = 1,2,\cdots,n) \qquad (5\text{-}5)$$

定义2 满足关系式(5-5)的正互反矩阵称为一致矩阵。

需要检验构造出来的(正互反)判断矩阵 A 是否严重地非一致,以便确定是否接受 A。

定理1 正互反矩阵 A 的最大特征根 λ_{max} 必为正实数,其对应特征向量的所有分量均为正实数。A 的其余特征值的模均严格小于 λ_{max}。

定理2 若 A 为一致矩阵,则

(1)A 必为正互反矩阵。

(2)A 的转置矩阵 A^{T} 也是一致矩阵。

(3)A 的任意两行成比例,比例因子大于0,从而 $\mathrm{rank}(A) = 1$(同样,A 的任意两列也成比例)。

(4)A 的最大特征值 $\lambda_{max} = n$,其中 n 为矩阵 A 的阶。A 的其余特征根均为0。

(5)若 A 的最大特征值 λ_{max} 对应的特征向量为 $W = (w_1,w_2,\cdots,w_n)^{\mathrm{T}}$,则 $a_{ij} = \dfrac{w_i}{w_j}(\forall i,j = 1,2,\cdots,n)$,即

$$A = \begin{bmatrix} \dfrac{w_1}{w_1} & \dfrac{w_1}{w_2} & \cdots & \dfrac{w_1}{w_n} \\[2mm] \dfrac{w_2}{w_1} & \dfrac{w_2}{w_2} & \cdots & \dfrac{w_2}{w_n} \\[2mm] \vdots & \vdots & & \vdots \\[2mm] \dfrac{w_n}{w_1} & \dfrac{w_n}{w_2} & \cdots & \dfrac{w_n}{w_n} \end{bmatrix}$$

定理3 n 阶正互反矩阵 A 为一致矩阵,当且仅当其最大特征根 $\lambda_{max} = n$,且当正互反矩阵 A 非一致时,必有 $\lambda_{max} > n$。

根据定理3,可以由 λ_{max} 是否等于 n 来检验判断矩阵 A 是否为一致矩阵。由于特征根连续地依赖于 a_{ij},故 λ_{max} 比 n 大得越多,A 的非一致性程度也就越严重,λ_{max} 对应的标准化特征向量也就越不能真实地反映出 $X = \{x_1,x_2,\cdots,x_n\}$ 在对因素 Z 的影响中所占的比重。因此,对决策者提供的判断矩阵有必要做一次一致性检验,以决定是否接受它。

对判断矩阵的一致性检验的步骤如下:

(1)计算一致性指标 CI。

$$CI = \frac{\lambda_{max} - n}{n - 1}$$

（2）查找相应的平均随机一致性指标 RI。对 $n = 1, 2, 3, \cdots, 9$，Saaty 给出了 RI 的值，如表 5-2 所示。

表 5-2　不同标度 RI 值

n	1	2	3	4	5	6	7	8	9
RI	0	0	0.58	0.90	1.12	1.24	1.32	1.41	1.45

RI 的值是这样得到的，用随机方法构造 500 个样本矩阵：随机地从 $1 \sim 9$ 及其倒数中抽取数字构造正互反矩阵，求得最大特征根的平均值 λ'_{max}，并定义

$$RI = \frac{\lambda'_{max} - n}{n - 1}$$

（3）计算一致性比例 CR。

$$CR = \frac{CI}{RI}$$

当 $CR < 0.10$ 时，认为判断矩阵的一致性是可以接受的，否则应对判断矩阵进行适当修正。

5.2.4　层次总排序及一致性检验

以上得到的是一组元素对其上一层中某元素的权重向量。最终要得到各元素，特别是最低层中各方案关于目标的排序权重，从而进行方案选择。总排序权重要自上而下地将单准则下的权重进行合成。

设上一层次（A 层）包含 $A_1, A_2, A_3, \cdots, A_m$ 共 m 因素，它们的层次总排序权重分别为 $a_1, a_2, a_3, \cdots, a_m$。又设其后的下一层次（$B$ 层）包含 n 个因素 $B_1, B_2, B_3, \cdots, B_n$，它们关于 A_j 的层次单排序权重分别为 $b_{1j}, b_{2j}, \cdots, b_{nj}$（当 B_i 与 A_i 无关联时，$b_{ij} = 0$）。现求 B 层中各因素关于总目标的权重，即求 B 层各因素的层次总排序权重 $b_1, b_2, \cdots, b_n$，计算按表 5-3 所示方式进行，即 $b_i = \sum_{j=1}^{m} b_{ij} a_j \ (i = 1, 2, \cdots, n)$。

表 5-3　层次总排序权重合成

层 B	层 A				层 B 总排序权值
	A_1	A_2	$\cdots$	A_m	
	a_1	a_2	$\cdots$	a_m	
B_1	b_{11}	b_{12}	$\cdots$	b_{1m}	$\sum_{j=1}^{m} b_{1j} a_j$
B_2	b_{21}	b_{22}	$\cdots$	b_{2m}	$\sum_{j=1}^{m} b_{2j} a_j$
$\vdots$	$\vdots$	$\vdots$	$\vdots$	$\vdots$	$\vdots$
B_n	b_{n1}	b_{n2}	$\cdots$	b_{nm}	$\sum_{j=1}^{m} b_{nj} a_j$

对层次总排序也需做一致性检验,检验仍像层次总排序那样由高层到低层逐层进行。这是因为虽然各层次均已经过层次单排序的一致性检验,各成对比较判断矩阵都已具有较为满意的一致性,但当综合考察时,各层次的非一致性仍有可能积累起来,引起最终分析结果较严重的非一致性。

设 B 层中与 A_j 相关的因素的成对比较判断矩阵在单排序中经一致性检验,求得单排序一致性指标为 $CI(j)(j=1,2,\cdots,m)$,相应的平均随机一致性指标为 $RI(j)$、$CI(j)$、$RI(j)$,已在层次单排序时求得),则 B 层总排序随机一致性比例为

$$CR = \frac{\sum\limits_{j=1}^{m} CI(j)a_j}{\sum\limits_{j=1}^{m} RI(j)a_j}$$

当 $CR < 0.10$ 时,认为层次总排序结果具有较满意的一致性并接受该分析结果。

5.3 层次分析法构造黄河干流泥沙优化配置综合目标函数

5.3.1 目标的识别

黄河的治理和开发,历来是中华民族安民兴邦的大事。同时,黄河是世界上输沙量最大、含沙量又高的一条大河,泥沙问题是治黄的症结所在。黄河近期重点治理开发规划的总体目标是:到 21 世纪中叶,建成完善的黄河防洪减淤体系,有效控制黄河洪水泥沙,初步形成"相对地下河",谋求黄河长治久安。

随着治黄科研工作的不断深化,黄河水利委员会提出了"维持黄河健康生命"的治河理念,其初步理论框架为:"维持黄河健康生命"为黄河治理的终极目标,"堤防不决口,河道不断流,污染不超标,河床不抬高"是这一终极目标的主要标志。现阶段黄河健康的标志可以概括为:在具有连续的河川径流基础上(在河流生命存在的基础上),更应具有通畅安全的水沙通道,其水质能够满足生物群健康要求,径流条件能够满足人类经济社会和河流生态系统可持续发展的需求。其中,通畅安全的水沙通道体现了人类对防洪安全的希望,也反映了河流生命存在的需要,是保障人类经济社会系统正常运行的基本条件。

从黄河近期重点治理开发规划成果及"维持黄河健康生命"治黄理论的研究中可以看出:防洪是黄河治理开发的首要任务,黄河泥沙的治理又是防洪成败的关键,因此黄河泥沙配置的首要目标是保障防洪安全。

黄河特殊的水沙条件决定了黄河泥沙配置关系到流域人民生产生活的方方面面。水利部当前"发展水利 改善民生"的水利工作指导思想是:把民生水利放在更加突出的位置,以保障人民群众生命安全、生活良好、生产发展、生态改善等基本的水利需求为重点,突出解决好人民群众最关心、最直接、最现实的水利问题,形成保障民生、服务民生、改善民生的水利发展格局,让广大人民群众共享水利发展成果。因此把"改善民生"作为黄河泥沙配置的又一重要目标。

5.3.2 目标的指示指标

黄河防洪的重点在下游,黄河下游河道在东坝头以上有三级滩地,分别为嫩滩、二滩和老滩,其中老滩是1855年铜瓦厢决口以后河道发生溯源冲刷所形成的滩地。东坝头以下只有两级滩地,即嫩滩和二滩,嫩滩以下的过水断面称为主槽,嫩滩加上主槽的过水断面称为河槽。嫩滩是中小洪水及大洪水均可漫水的一级滩地。二滩漫水机会较少,植被生长、人类活动较多,故二滩糙率大,阻水体多,上滩水流流速仅为主槽平均流速的1/10左右,滩地主要起增加槽蓄、削减洪峰、滞洪落淤的作用,一般只能通过1/5的流量。主槽水深大、糙率小、过流能力强,是排洪的主要通道。因此,主槽平滩流量大小是表征防洪安全的重要指标,泥沙配置要重视维持重点河段主槽满足排洪能力要求的目标。

水库是当前防洪体系中非常重要的组成部分,在防洪要求越来越高的现状条件下,利用水库滞洪错峰已成为黄河防洪调度的关键手段。黄河干流三门峡水库、小浪底水库与支流陆浑水库、故县水库联合运用,可将花园口断面百年一遇洪水的洪峰流量由29 200 m³/s削减至15 700 m³/s,经过下游河道、滩区削减,到达孙口站不超过13 500 m³/s,东平湖滞洪区的运用概率也大为减小;花园口断面若发生千年一遇洪水,洪峰流量可由42 100 m³/s削减到22 600 m³/s。按照花园口站22 000 m³/s设防,可基本不使用北金堤滞洪区分洪。可见保持水库库容对于减轻黄河下游防洪压力是至关重要的,由此把水库库容大小作为表征防洪安全的另一个重要指标,泥沙配置方案的制订要重视维持重点水库的库容,减小不必要的泥沙拦蓄。

黄河下游河道形态独特,为著名的"地上悬河",由于滩唇高仰、堤根低洼,增加了下游河道的防洪负担和河道治理的难度,目前,只要洪水漫滩,大堤堤河附近平均水深即可达到2~3 m,局部河段堤河最大水深可达到5 m以上。堤河水深较大、长时期浸泡大堤,增大了堤防发生溃决的可能性。同时,堤河低洼的地形条件为顺堤行洪提供了基本的边界条件,而历史上由于漫滩行洪决口改道在滩区遗留的纵横串沟甚多,为漫滩水流向堤河低洼地带汇集提供了更为便利的条件,所以一旦洪水漫滩,最容易在堤河附近形成集中过流,冲决大堤。据统计,目前下游滩区有较大的串沟89条,总长约356 km,沟宽100~300 m、沟深0.5~2.0 m,小的串沟和牛角形封闭洼地比比皆是。当发生平滩以上洪水时,漫滩水流将冲毁生产堤的薄弱地段或经过生产堤口门,沿着滩面比降较大的区域和串沟,直冲黄河大堤,并在堤河低洼地带形成顺堤行洪,对堤防工程的防守构成很大威胁。可见,虽然黄河下游主槽是排洪的主要通道,但是滩地条件以及河道综合过洪能力的大小对保障行洪安全也是至关重要的。所以,河道过洪能力也是表征防洪安全的指标,泥沙配置要充分考虑改善河道断面形态,治理"二级悬河"不利局面的问题。

防洪安全指示指标主要有主槽平滩流量、水库库容、河道过洪能力。

黄河流域位于干旱半干旱的西北和华北地区,水资源十分贫乏。黄河历来以灾害频繁、难以治理闻名于世,其主要原因是"水少沙多"。近年来,随着经济的发展,沿黄地区工农业和生活用水大幅度增加,使黄河的问题更加突出,黄河下游自1972年以来五年四断流,进入20世纪90年代断流更为频繁,1997年有330天无水入海。黄河水少沙多、水沙搭配不适是河床淤积抬升的根本原因,而河床淤积、河道排洪能力降低是导致下游堤防决口、河流改道和洪水泛滥的根源。为减小河道淤积速率、减轻洪水威胁,保留必要的输沙水量对黄河流域的长治久安是必须的。黄河水利科学研究院研究表明:黄河下游在2030 年水平平均来沙量 9 亿 t、淤积量 2 亿 t 条件下,花园口、利津汛期输沙水量分别为169 亿 m³ 和 143 亿 m³,同水平条件下,如果维持黄河下游河道不淤积花园口、利津汛期输沙水量分别为 253 亿 m³ 和 226 亿 m³。可见,由于黄河的特殊水沙条件,输沙需水量占水资源总量的比重是比较大的。如何充分利用黄河有限的水资源,既最大限度地满足沿河人民用水需求,又使下游河道严重淤积的状况有所改善,始终是黄河治理开发中的一个重要问题,也是泥沙配置决策的关键问题,决策者必须考虑水资源是更多地用于生活生产还是输沙,因此"用水保证率"是泥沙配置中"改善民生"目标的核心指标。

湿地与人类的生存、繁衍、发展息息相关,它不仅为人类的生产、生活提供多种资源,而且具有巨大的环境功能和效益,在抵御洪水、调节径流、蓄洪防旱、控制污染、调节气候、控制土壤侵蚀、促淤造陆、美化环境等方面有其他系统不可替代的作用,被誉为"地球之肾",受到全世界范围的广泛关注。在世界自然资源保护联盟(IUCN)、联合国环境规划署(UNEP)和世界自然基金会(WWF)《世界自然保护大纲》中,湿地与森林、海洋一起并称为全球三大生态系统。

《湿地公约》关于湿地的定义为:不论其为天然或人工、长久或暂时之沼泽地、泥炭地或水域地带,带有或静止或流动,或为淡水、半咸水或咸水水体者,包括低潮时水深不超过6 m 的水域。此外,湿地可以包括邻接湿地的河湖沿岸、沿海区域以及湿地范围的岛屿或低潮时水深超过 6 m 的水域。所有季节性或常年积水地段,包括沼泽、泥炭地、湿草甸、湖泊、河流及洪泛平原、河口三角洲、滩涂、珊瑚礁、红树林、水库、池塘、水稻田以及低潮时水深浅于 6 m 的海岸带等,均属湿地范畴。黄河流域湿地主要包括河道水库湿地、河源区湿地、中下游滩涂湿地、下游洪泛平原湿地、河口三角洲湿地等,而中下游滩涂、下游洪泛平原、河口三角洲的塑造又与泥沙淤积关系密不可分。由此可见,合理配置泥沙在黄河流域不同地区的淤积,对于流域湿地塑造是十分重要的,本书把湿地面积作为改善民生的另一个重要指示指标。

黄河流域利用洪水淤滩,改造盐碱地、沼泽地的历史非常悠久。据《吕氏春秋》记载,公元前 4 世纪的战国时期,魏国邺令史起引漳水灌溉邺地(今河北临漳县)农田和改造盐碱地、沼泽地。郑国渠是我国古代著名的大型高含沙引水淤灌工程,始建于战国末年秦始皇帝元年(公元前 246 年),历时 10 年竣工。郑国渠渠首,自瓠口(今渭北礼泉县北屯)引泾河水横过清峪河、冶峪河、石川河至洛河,全长 126 km,淤灌面积 7.3 万 hm²,灌区跨今泾阳、三原、高陵、富平和蒲城县境。灌区主要是盐碱荒滩不毛之地,即"未凿渠之前,斥皆卤硗(音敲,瘠也),确不可以稼",而淤灌改土之后,增产效果十分明显,每亩产量达"一钟"(约合亩产 125 kg)。郑国渠的建成,为长距离输送高含沙浑水开创了先例,为大规模淤改盐碱荒滩积累了经验,这在世界灌溉史上也是一个创举。据统计,黄河小北干流滩区面积广大且大部分为沙荒盐碱地,黄委结合黄河龙门水库规划,曾研究过小北干流放淤方案,规划放淤总量 112 亿~180 亿 t。可见,滩区放淤一方面可以改良土地,另一方面可以处理大量进入河道的泥沙,减轻水流输沙压力,减少下游河道的淤积。

但是,对于在滩区放淤改土还必须清楚地认识到其可能带来的不利影响,秦明周、朱连奇、陈云增等研究强调:引黄灌淤是黄河下游最明显的人为干预自然环境演替的活动,通过淤压冲洗盐碱,降低地下水位,种稻改碱等,已经获取了土壤改良、粮棉增产、居民增收的重大成就。但是,由于下游特有的地下水位高,距地表仅 1~1.5 m,黄河泥沙来量大、堆积多等,利用中稍有不慎,如连续旱作、灌排失当,灌淤土将有返盐、沙化的危险。近几年,沉沙池渠外和堤背堆积泥沙已成为当地新的风沙源地,危害邻近农田村庄,河道泥沙淤积又影响了泄洪排水等。另外,由于灌淤改变了原有的生态结构,干扰了自然景观的演化过程,使黄河两岸失去了物种繁多、面积广大的湿地、沙地生态,代之以物种结构简单的农业景观生态系统。

可见,黄河泥沙配置涉及流域特别是沿河广大滩区的土地资源是否得到有效使用,是流域泥沙配置的重要问题之一,"可耕种土地"面积应该作为"改善民生"目标的指示指标之一。

改善民生指示指标包括用水保证率、湿地面积、可耕种土地。

通过上述分析,可以构建黄河干流泥沙空间优化配置层次分析总体框架(见表5-4)。

表5-4 黄河干流泥沙空间优化配置层次分析总体框架

层次	层次分析内容					
总目标	黄河干流泥沙空间优化配置					
子目标	防洪安全			改善民生		
指示指标	主槽平滩流量	河道过流能力	水库防洪库容	可耕种土地	湿地面积	用水保障率
入黄泥沙配置途径	水库拦沙	引水引沙	滩地淤沙(人工放淤和洪水淤滩)	固堤用沙(引沙淤临淤背)	河槽冲淤	输出河段

5.3.3 目标函数的数学表达式

目标函数的数学表达式为

$$Z = \sum_{i=1}^{n} C_i (W_S)_i$$

根据层次分析法,对表5-4进行逐层次分析,构造判断矩阵,并判断矩阵的一致性,矩阵构造满足条件后计算其最大特征值对应的归一化特征向量,以此作为各层权重系数,最后通过递推关系求出配置变量 $(W_S)_i$ 对配置总目标的系数 C_i。矩阵全部特征值的计算采用QR方法;矩阵特征值对应特征向量的计算采用反幂法。计算过程中利用VB语言编制成计算模块,模块基本界面如图5-1、图5-2所示。

5.3.3.1 子目标层 B 对总目标层 A 的评价

由目标识别的分析可知,当前防洪是黄河治理开发的首要任务,其地位比"改善民生"稍显重要,由9标度法构造判断矩阵,见表5-5。

图 5-1　特征值计算模块

图 5-2　特征向量计算模块

表 5-5　子目标层 B 对于总目标层 A 的判断矩阵

目标 A	防洪安全 B1	改善民生 B2
防洪安全 B1	1	2
改善民生 B2	1/2	1

通过特征值和特征向量计算模块计算出最大特征值 $\lambda_{max} = 2$，对应的归一化特征向量 $p_1 = [0.666\ 7, 0.333\ 3]$，$p_1$ 即为 B 层对目标 A 的权重系数，记为 $c(1)$。

一致性检验：$\lambda_{max} = 2 = n$，由层次分析法定理 2 可知，如表 5-5 所示的判断矩阵是一致的。

5.3.3.2　指示指标层 C 对子目标层 B 的评价

对于防洪安全子目标，由目标的指示指标一节分析可知，主槽是黄河下游行洪的主要通道，在现状条件下，由于滩区生产生活的约束，中常洪水通过小浪底水库、三门峡水库的联合调度，水流是不会上滩的，因此主槽平滩流量指标比河道过流能力指标稍重要，水库防洪库容重要性处于二者之间。由 9 标度法构造判断矩阵，见表 5-6。

表 5-6　指示指标层 C 对于子目标层 B1 的判断矩阵

防洪安全 B1	主槽平滩流量 C1	河道过流能力 C2	水库防洪库容 C3
主槽平滩流量 C1	1	3	2
河道过流能力 C2	1/3	1	1/2
水库防洪库容 C3	1/2	2	1

通过特征值和特征向量计算模块计算出最大特征值 $\lambda_{max} = 3.009\ 2$，对应的归一化特征向量 $p_{21} = [0.539\ 6, 0.163\ 4, 0.297\ 0]$。

一致性检验：

一致性指标　　　　$CI = \dfrac{\lambda_{max} - n}{n - 1} = \dfrac{3.009\ 2 - 3}{3 - 1} = 0.004\ 6$

一致性比率　　　　$CR = \dfrac{CI}{RI} = \dfrac{0.004\ 6}{0.58} = 0.007\ 9 < 0.10$

根据层次分析一致性检验方法可知表 5-6 所示的判断矩阵具有较满意的一致性，故接受该分析结果。

对于改善民生子目标，由目标的指示指标一节分析可知，泥沙配置过程中，最大可能地节约水资源，保障沿河人们生产、生活用水是最重要的；由于黄河中下游滩区的特殊地理条件和社会条件，滩区土地是人们生存的重要保证，泥沙配置过程中实现滩地可以耕种化也是重要任务之一，但比用水保障率指标稍次要；合理配置泥沙在黄河流域不同地区的淤积，塑造良好的湿地生态系统，是决策者满足上述两个目标之后的另一个重要问题。可见，用水保障率指标比可耕种土地指标稍重要，比湿地面积指标明显重要，由 9 标度法构造判断矩阵，见表 5-7。

表 5-7　指示指标层 C 对于子目标层 B2 的判断矩阵

改善民生 B2	可耕种土地 C4	湿地面积 C5	用水保障率 C6
可耕种土地 C4	1	3	1/3
湿地面积 C5	1/3	1	1/5
用水保障率 C6	3	5	1

通过特征值和特征向量计算模块计算出最大特征值 $\lambda_{max} = 3.0385$，对应的归一化特征向量 $p_{22} = [0.2583, 0.1047, 0.6370]$。

一致性检验：

一致性指标　　　　　$CI = \dfrac{\lambda_{max} - n}{n - 1} = \dfrac{3.0385 - 3}{3 - 1} = 0.0193$

一致性比率　　　　　$CR = \dfrac{CI}{RI} = \dfrac{0.0193}{0.58} = 0.0332 < 0.10$

根据层次分析一致性检验方法可知表 5-7 所示的判断矩阵具有较满意的一致性，故接受该分析结果。

5.3.3.3　指示指标层 C 对目标层 A 的评价

根据指示指标层 C 对子目标层 B 判断矩阵的特征向量，可以得到指示指标层 C 的合成特征矩阵：

$$\boldsymbol{P}_2 = \begin{bmatrix} 0.5396 & 0.1634 & 0.2970 & 0 & 0 & 0 \\ 0 & 0 & 0 & 0.2583 & 0.1047 & 0.6370 \end{bmatrix}$$

$$c(2) = c(1)\boldsymbol{P}_2$$

$$= [0.6667, 0.3333] \cdot \begin{bmatrix} 0.5396 & 0.1634 & 0.2970 & 0 & 0 & 0 \\ 0 & 0 & 0 & 0.2583 & 0.1047 & 0.6370 \end{bmatrix}$$

$$= [0.3598 \quad 0.1089 \quad 0.1980 \quad 0.0861 \quad 0.0349 \quad 0.2123]$$

$c(2)$ 即为层 C 对目标层 A 的权重系数。

5.3.3.4　配置途径层 D 对指示指标层 C 的评价

对维持主槽平滩流量 C1，泥沙配置在流域外是最有利的，由于黄河水流具有很强的输沙能力，因此泥沙配置首先是尽可能利用水流自身的输沙能力，把泥沙输送出河段最终入海。其次是因地制宜地利用黄河泥沙淤临淤背、加固大堤等，对于减小河道淤积也是一个重要举措；对于超过水流输送能力的泥沙，必须选择适宜的场所安置，由于黄河干流水库的重要性，水库库容的长期保持对防洪和兴利都是很关键的，因此泥沙应该尽可能淤积在滩地上，在主槽平滩流量远远小于治理目标时期，可以采取牺牲水库库容、冲刷主槽的调度措施。根据张德茹、梁志勇等的总结成果：引黄灌溉对黄河下游产生的增淤量占来沙量的比例是 0.5% ～4%，引水引沙对主槽平滩流量的维持是不利的。最后，泥沙淤积在河槽里直接减小主槽平滩流量，是泥沙配置的最不利选择。依据上述分析，由 9 标度法构造判断矩阵，见表 5-8。

表 5-8　配置途径层 D 对于指示指标主槽平滩流量 C1 的判断矩阵

主槽平滩 流量 C1	水库拦沙 D1	引水引沙 D2	滩地淤沙 D3	固堤用沙 D4	河槽冲淤 D5	输出河段 D6
水库拦沙 D1	1	2	1/2	1/3	3	1/4
引水引沙 D2	1/2	1	1/3	1/4	2	1/5
滩地淤沙 D3	2	3	1	1/2	4	1/3
固堤用沙 D4	3	4	2	1	5	1/2
河槽冲淤 D5	1/3	1/2	1/4	1/5	1	1/6
输出河段 D6	4	5	3	2	6	1

通过特征值和特征向量计算模块计算出最大特征值 $\lambda_{max} = 6.122\,5$，对应的归一化特征向量 $p_{31} = [0.100\,6, 0.064\,1, 0.159\,6, 0.250\,4, 0.042\,8, 0.382\,5]$。

一致性检验：

一致性指标　　　　　$CI = \dfrac{\lambda_{max} - n}{n - 1} = \dfrac{6.122\,5 - 6}{6 - 1} = 0.024\,5$

一致性比率　　　　　$CR = \dfrac{CI}{RI} = \dfrac{0.024\,5}{1.24} = 0.019\,8 < 0.10$

根据层次分析一致性检验方法可知表 5-8 所示的判断矩阵具有较满意的一致性，故接受该分析结果。

对于维持河道过流能力 C2，泥沙配置途径的重要性排序基本相同，主要区别在于为维持整个河道的过流能力，滩地也需要减少泥沙淤积，由 9 标度法构造判断矩阵，见表 5-9。

表 5-9　配置途径层 D 对于指示指标河道过流能力 C2 的判断矩阵

河道过流能力 C2	水库拦沙 D1	引水引沙 D2	滩地淤沙 D3	固堤用沙 D4	河槽冲淤 D5	输出河段 D6
水库拦沙 D1	1	1/2	2	1/3	3	1/4
引水引沙 D2	2	1	3	1/2	4	1/3
滩地淤沙 D3	1/2	1/3	1	1/4	2	1/5
固堤用沙 D4	3	2	4	1	5	1/2
河槽冲淤 D5	1/3	1/4	1/2	1/5	1	1/6
输出河段 D6	4	3	5	2	6	1

通过特征值和特征向量计算模块计算出最大特征值 $\lambda_{max} = 6.122\,5$，对应的归一化特征向量 $p_{32} = [0.100\,6, 0.159\,6, 0.064\,1, 0.250\,4, 0.042\,8, 0.382\,5]$。

一致性检验：

一致性指标　　　　　$CI = \dfrac{\lambda_{max} - n}{n - 1} = \dfrac{6.122\,5 - 6}{6 - 1} = 0.024\,5$

一致性比率　　　　　$CR = \dfrac{CI}{RI} = \dfrac{0.024\,5}{1.24} = 0.019\,8 < 0.10$

根据层次分析一致性检验方法,可知表5-9所示的判断矩阵具有较满意的一致性,故接受该分析结果。

对于维持水库防洪库容C3,水库减小拦沙量是维持水库库容的根本措施,由9标度法构造判断矩阵,见表5-10。

表5-10 配置途径层D对于指示指标水库防洪库容C3的判断矩阵

水库防洪库容C3	水库拦沙D1	引水引沙D2	滩地淤沙D3	固堤用沙D4	河槽冲淤D5	输出河段D6
水库拦沙D1	1	1/3	1/4	1/5	1/2	1/6
引水引沙D2	3	1	1/2	1/3	2	1/4
滩地淤沙D3	4	2	1	1/2	3	1/3
固堤用沙D4	5	3	2	1	4	1/2
河槽冲淤D5	2	1/2	1/3	1/4	1	1/5
输出河段D6	6	4	3	2	5	1

通过特征值和特征向量计算模块计算出最大特征值 $\lambda_{\max}=6.1225$,对应的归一化特征向量 $p_{33}=[0.0428,0.1006,0.1596,0.2504,0.0641,0.3825]$。

一致性检验:

一致性指标 $$CI=\frac{\lambda_{\max}-n}{n-1}=\frac{6.1225-6}{6-1}=0.0245$$

一致性比率 $$CR=\frac{CI}{RI}=\frac{0.0245}{1.24}=0.0198<0.10$$

根据层次分析一致性检验方法可知表5-10所示的判断矩阵具有较满意的一致性,故接受该分析结果。

对于维持可耕种土地C4,河流最大的造陆作用主要是由于河口的摆动淤积,例如20万 km^2 的华北大平原就是黄河不断淤积延伸塑造的,因此把泥沙尽可能多地输送到河口地区,是创造土地资源的基本途径;通过合理淤滩改土,也是有效增加可耕种土地的重要措施。由9标度法构造判断矩阵,见表5-11。

表5-11 配置途径层D对于指示指标可耕种土地C4的判断矩阵

可耕种土地C4	水库拦沙D1	引水引沙D2	滩地淤沙D3	固堤用沙D4	河槽冲淤D5	输出河段D6
水库拦沙D1	1	1/2	1/4	1/3	2	1/5
引水引沙D2	2	1	1/3	1/2	3	1/4
滩地淤沙D3	4	3	1	2	5	1/2
固堤用沙D4	3	2	1/2	1	4	1/3
河槽冲淤D5	1/2	1/3	1/5	1/4	1	1/6
输出河段D6	5	4	2	3	6	1

通过特征值和特征向量计算模块计算出最大特征值 $\lambda_{\max}=6.1225$,对应的归一化特

征向量 $p_{34} = [0.064\ 1, 0.100\ 6, 0.250\ 4, 0.159\ 6, 0.042\ 8, 0.382\ 5]$。

一致性检验：

一致性指标 $\qquad CI = \dfrac{\lambda_{max} - n}{n - 1} = \dfrac{6.122\ 5 - 6}{6 - 1} = 0.024\ 5$

一致性比率 $\qquad CR = \dfrac{CI}{RI} = \dfrac{0.024\ 5}{1.24} = 0.019\ 8 < 0.10$

根据层次分析一致性检验方法可知表 5-11 所示的判断矩阵具有较满意的一致性,故接受该分析结果。

黄河流域湿地主要包括河道水库湿地、河源区湿地、中下游滩涂湿地、下游洪泛平原湿地、河口三角洲湿地等,由此可见对于维持湿地面积 C5 泥沙配置途径的重要性排序为:输出河段 D6(河口三角洲湿地)、滩地淤沙 D3(滩涂湿地)、引水引沙 D2(有效维持已有湿地的保证)、水库拦沙 D1、固堤用沙 D4、河槽冲淤 D5。由 9 标度法构造判断矩阵(见表 5-12)。

表 5-12　配置途径层 D 对于指示指标湿地面积 C5 的判断矩阵

湿地面积 C5	水库拦沙 D1	引水引沙 D2	滩地淤沙 D3	固堤用沙 D4	河槽冲淤 D5	输出河段 D6
水库拦沙 D1	1	1/2	1/3	2	3	1/4
引水引沙 D2	2	1	1/2	3	4	1/3
滩地淤沙 D3	3	2	1	4	5	1/2
固堤用沙 D4	1/2	1/3	1/4	1	2	1/5
河槽冲淤 D5	1/3	1/4	1/5	1/2	1	1/6
输出河段 D6	4	3	2	5	6	1

通过特征值和特征向量计算模块计算出最大特征值 $\lambda_{max} = 6.122\ 5$,对应的归一化特征向量 $p_{35} = [0.100\ 6, 0.159\ 6, 0.250\ 4, 0.064\ 1, 0.042\ 8, 0.382\ 5]$。

一致性检验：

一致性指标 $\qquad CI = \dfrac{\lambda_{max} - n}{n - 1} = \dfrac{6.122\ 5 - 6}{6 - 1} = 0.024\ 5$

一致性比率 $\qquad CR = \dfrac{CI}{RI} = \dfrac{0.024\ 5}{1.24} = 0.019\ 8 < 0.10$

根据层次分析一致性检验方法可知表 5-12 所示的判断矩阵具有较满意的一致性,故接受该分析结果。

引水量的多少直接反映了黄河流域水资源利用的情况,由于黄河引水必引沙,因此为了获得引水保障率,引水引沙对于维持用水保障率 C6 是最重要的;由于黄河是沿河人民用水的主要途径,例如黄河下游河南、山东两省沿河引水量年均达 70 亿 m^3 左右(1999～2005 水文年平均),从全流域水资源配置来看,上游河段必须为下游河段留一定比例的水资源,因此输出河段对于维持用水保障率 C6 是次重要的;黄河水资源具有时空分布不均的特点,水库是水资源年内和年际调节的重要措施,因此水库减小拦沙以保持有效库容,对于提高水资源保证率是非常重要的。维持用水保障率 C6 重要性排序为:引水引沙 D2、输出河段 D6、固堤用沙 D4、滩地淤沙 D3、河槽冲淤 D5、水库拦沙 D1。由 9 标度法构造判断矩阵(见表 5-13)。

表 5-13   配置途径层 D 对于指示指标用水保障率 C6 的判断矩阵

用水保障率 C6	水库拦沙 D1	引水引沙 D2	滩地淤沙 D3	固堤用沙 D4	河槽冲淤 D5	输出河段 D6
水库拦沙 D1	1	1/6	1/3	1/4	1/2	1/5
引水引沙 D2	6	1	4	3	5	2
滩地淤沙 D3	3	1/4	1	1/2	2	1/3
固堤用沙 D4	4	1/3	2	1	3	1/2
河槽冲淤 D5	2	1/5	1/2	1/3	1	1/4
输出河段 D6	5	1/2	3	2	4	1

通过特征值和特征向量计算模块计算出最大特征值 $\lambda_{\max} = 6.122\ 5$,对应的归一化特征向量 $p_{36} = [0.042\ 8, 0.382\ 5, 0.100\ 6, 0.159\ 6, 0.064\ 1, 0.250\ 4]$。

一致性检验:

一致性指标 $\qquad CI = \dfrac{\lambda_{\max} - n}{n - 1} = \dfrac{6.122\ 5 - 6}{6 - 1} = 0.024\ 5$

一致性比率 $\qquad CR = \dfrac{CI}{RI} = \dfrac{0.024\ 5}{1.24} = 0.019\ 8 < 0.10$

根据层次分析一致性检验方法可知表 5-13 所示的判断矩阵具有较满意的一致性,故接受该分析结果。

5.3.3.5   配置途径层 D 对目标层 A 的评价

根据配置途径层 D 对指示指标层 C 判断矩阵的特征向量,可以得到配置途径层 D 的合成特征矩阵:

$$\boldsymbol{P}_3 = \begin{bmatrix} 0.100\ 6 & 0.064\ 1 & 0.159\ 6 & 0.250\ 4 & 0.042\ 8 & 0.382\ 5 \\ 0.100\ 6 & 0.159\ 6 & 0.064\ 1 & 0.250\ 4 & 0.042\ 8 & 0.382\ 5 \\ 0.042\ 8 & 0.100\ 6 & 0.159\ 6 & 0.250\ 4 & 0.064\ 1 & 0.382\ 5 \\ 0.064\ 1 & 0.100\ 6 & 0.250\ 4 & 0.159\ 6 & 0.042\ 8 & 0.382\ 5 \\ 0.100\ 6 & 0.159\ 6 & 0.250\ 4 & 0.064\ 1 & 0.042\ 8 & 0.382\ 5 \\ 0.042\ 8 & 0.382\ 5 & 0.100\ 6 & 0.159\ 6 & 0.064\ 1 & 0.250\ 4 \end{bmatrix}$$

$$\begin{aligned} c(3) &= c(2)\boldsymbol{P}_3 \\ &= [0.073\ 7 \quad 0.155\ 8 \quad 0.147\ 7 \quad 0.216\ 8 \quad 0.051\ 5 \quad 0.354\ 5] \end{aligned}$$

$c(3)$ 即为配置途径层 D 对目标层 A 的权重系数。根据配置途径层权重系数对目标层 A 的关系可以看出,流域泥沙优化配置的基本思路是:输出河段 D6、固堤用沙 D4、引水引沙 D2、滩地淤沙 D3、水库拦沙 D1、河槽冲淤 D5。据此构造目标函数表达式为

$$\begin{aligned} Z = &\ 0.073\ 7(W_S)_1 + 0.155\ 8(W_S)_2 + 0.147\ 7(W_S)_3 + \\ &\ 0.216\ 8(W_S)_4 + 0.051\ 5(W_S)_5 + 0.354\ 5(W_S)_6 \end{aligned}$$

式中 Z——流域泥沙配置目标函数；

    $(W_S)_1$、$(W_S)_2$、$(W_S)_3$、$\cdots$、$(W_S)_6$——水库拦沙、引水引沙、滩地淤沙、固堤用沙、河槽冲淤、输出河段等配置单元。

5.4 黄河干流泥沙优化配置约束条件研究

黄河干流泥沙配置的约束条件主要包括各配置单元在配置时段内的配置能力和各配置单元泥沙配置变量间的响应关系两个方面。其中,各配置单元的配置能力主要有输出河段、固堤用沙、引水引沙、滩地淤沙、水库拦沙、河槽冲淤等。

对于各配置单元泥沙配置变量间的响应关系约束,一个配置变量发生变化,其他配置变量必然发生改变。例如,水流输沙平衡后,水库增加拦沙量,必然引起河槽冲淤的变化,从而导致下游河道水流含沙量变化,其结果是引水引沙、滩地淤沙、输出河段沙量都发生变化。由于黄河水沙运动规律十分复杂,各配置单元泥沙配置变量间的响应关系当前没有定量研究成果,但通过分析可以发现,无论哪一种配置变量发生变化,其直接的变化都是河道水流含沙量变化,因此可以把水流含沙量作为分析这一复杂变化的主线。

5.4.1 输出河段能力约束

输出河段能力是指依靠水流输沙能力把本配置河段的泥沙输送到下游河段的能力,水流输沙是当前泥沙配置的主要动力,也是关系到流域可持续发展的最关键的泥沙处理方式,它主要受水流输沙能力和泥沙供给能力两方面影响。

在没有水库调节的情况下,输出河段能力可以直接根据配置河段冲淤与来水来沙的响应规律确定。根据黄河干流现状条件和配置研究河段,当前需要确定的主要是黄河小北干流河段没有水库调节情况下的输出河段能力。图5-3反映出,黄河小北干流进口沙量(龙门水文站)与出口沙量[潼关水文站 - 支流入汇(华县水文站 - 湺头水文站 - 河津水文站)]具有很好的线性关系,相关系数达到0.94左右,以图5-3回归公式作为该河段无库调节下的输出河段能力约束是满足要求的。

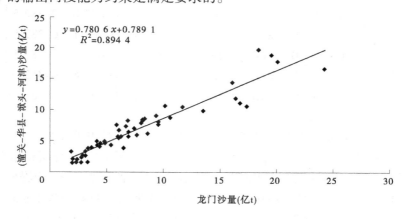

图5-3 小北干流河段输沙关系(1952～2015水文年)

在有水库调控的情况下,水库运用方式的不同,直接决定进入下游河道的水沙条件。由于治理目标不同,水流输沙分两种情形:一种是为保持下游河槽冲淤平衡和水库尽可能排沙,通过调水调沙,使水流含沙量接近冲淤临界含沙量;另一种是为了冲刷扩大下游河槽面积,水库拦沙、排放清水,由于泥沙沿程恢复冲刷河槽。

根据黄河水库调度经验,黄河干流水库运用主要分为拦沙运用和蓄清排浑运用两种模式。拦沙运用是由于黄河"水少沙多、水沙不协调"的特殊条件加上为了延缓下游河道淤积速度的目的决定的。拦沙期由于水库拦截部分泥沙,出库水流多数时段处于非饱和状态,虽然在运动过程中水流的冲刷作用使含沙量有一定程度的提高,但多数情况下是达不到饱和状态的,因此水流输沙效率不高,其中最不利的情况是:水库拦蓄全部泥沙,同时出库水流过程又不利于下游冲刷。表 5-14 为黄河水利科学研究院 2006 ~ 2007 年度咨询报告研究成果,水库拦沙初期清水冲刷效率(冲淤量/总水量)取小浪底拦沙期年均值冲刷效率较低的 8 kg/m³(冲刷 1 t 沙耗水 125 亿 m³)。假设水库全部排放清水,下游水流含沙主要是冲刷河床得到的,由此得到的水流输沙量可作为输出河段能力的下限值。

表 5-14   水库运用初期下游河槽冲刷效率对比

水库	水库拦沙初期不同年份冲刷效率(kg/m³)							平均
	第一年	第二年	第三年	第四年	第五年	第六年	第七年	
三门峡	− 20	− 17	− 8	− 13				− 10.3
小浪底	− 4.8	− 4.6	− 4.4	− 10.2	− 4.9	− 6.1	− 4.6	− 8

无论是拦沙运用还是蓄清排浑运用,黄河干流骨干水库非汛期一般都不会排沙,因此对于水流输沙的计算,应该把年度水量分割为汛期水量和非汛期水量。表 5-15 为黄河干流几个控制站汛期水量占年水量的比例。

表 5-15   汛期水量占年水量的比例

年份	兰州(%)	头道拐(%)	花园口(%)
	实测	实测	实测
2000	37	32	33
2001	39	32	25
2002	39	26	46
2003	50	47	65
2004	38	30	30
2005	45	41	39
2006	38	36	29
平均	41	35	38

其中,非汛期水流含沙量低,在下游河道必然产生冲刷,冲刷效率暂按水库拦沙初期清水冲刷效率年均值计算。

对于汛期水量,理想的状况是:在留足干流主要断面低限流量条件下,把所有水量调节成输沙效率较高、下游河道又不产生淤积的洪水形式。李小平、张晓华、尚红霞等把一场洪水的冲淤幅度在10%以内看作是微冲微淤或接近冲淤平衡状态,据此统计了黄河下游淤积比在 -10% ~ 10% 的发生在汛期的24场洪水的特征值,计算出黄河下游河道的输沙用水量为30 m³/t(输1 t沙需30 m³水)。根据这一研究成果,可以通过汛期水量计算水流输沙量,从而确定洪水期输出河段能力。

表5-16为黄河干流主要断面低限流量下年内逐月分配。根据表5-16可以得到龙门、花园口汛期日均低限流量为167 m³/s、272 m³/s,对应水量为17.36亿 m³、28.25亿 m³。

表5-16　黄河干流主要断面低限流量下年内逐月分配

水文站	逐月低限流量(m³/s)											
	1月	2月	3月	4月	5月	6月	7月	8月	9月	10月	11月	12月
小川	40	40	40	60	90	110	160	150	170	140	80	50
兰州	50	70	100	135	135	130	185	180	190	175	100	60
河口镇	40	45	60	60	45	45	110	150	165	140	70	40
龙门	50	60	80	80	60	50	140	190	180	160	90	50
小浪底	95	85	135	140	150	110	180	250	330	320	210	125
花园口	120	130	160	170	170	160	190	260	320	320	220	140
入海口	50	50	70	70	70	60	170	260	260	240	140	70

综合上述关于输出河段能力的分析,黄河干流输出河段能力计算方法为:

下限值

$$输出河段能力 = 年水量/拦沙期水流冲刷效率$$

上限值

$$输出河段能力 = (年水量 × 非汛期水量比例)/拦沙期水流冲刷效率 +$$
$$(年水量 × 汛期水量比例 - 控制断面低限水量)/洪水期输沙水量$$

对于河口配置单元,输出河段能力特指输沙到深海的能力。河口处于河海的交汇处,在这一区域内河流动力与海洋动力相互作用,交替变化,河口的演变是这两种动力综合作用的结果。黄河口泥沙输移是一个十分复杂的问题,受诸多因素的影响。胡春宏、曹文洪等根据实测断面资料整理分析了1976~1995年清水沟流路泥沙淤积分布与海流输沙量关系,结果认为:虽然每一时期进入黄河口的水沙总量不同,尾闾河道和滨海的淤积量不同,输送到深海的泥沙比例也是不同的,但海洋动力的年输沙量基本维持在2.0亿~2.4亿 t,表明海洋动力输送泥沙的作用是相对稳定的。本书取其时段平均值,即年均深海输沙能力为2.19亿 t。

5.4.2　固堤用沙能力约束

固堤用沙能力主要受工程进度制约,根据黄河流域水沙分布现状分析,取1973～

1986 年时段平均值作为模型计算条件。

5.4.3 引水引沙能力约束

引水引沙量主要取决于河段引水总量以及引水含沙量。水资源配置本次不考虑，可根据黄河流域引水情况确定。因此，引沙量主要取决于引水含沙量，根据黄河干流水沙分布研究可知，配置河段内主要引水区间是黄河下游，其含沙量主要由小浪底水库"拦"与"排"的比例调整加上水流在下游河道的冲刷情况决定，是一个非常复杂的变化过程，由于配置模型关心的是其最大配置能力，因此可以在分析现状条件下，取黄河下游引水含沙量上限值(22 kg/m³)确定(见表 5-17)。需要强调的是，泥沙配置过程中，不会因为引沙量减小而导致引水量得不到保障，引沙量减小在本模型计算的含义是引水含沙量降低。

表 5-17 黄河下游各时段引水含沙量

时段(年-月)	年均引水量(亿 m³)	年均引沙量(亿 t)	含沙量(kg/m³)
1960-07 ~ 1973-06	41	0.89	22
1973-07 ~ 1986-06	90	1.60	18
1986-07 ~ 1999-06	101	1.35	13
1999-07 ~ 2005-06	72	0.51	7

5.4.4 滩地淤沙能力约束

含沙水流进入黄河滩地的途径当前主要有洪水漫滩、引水闸引水淤滩、水力机械抽水淤滩等形式。

1950 ~ 1999 年黄河下游 11 次漫滩洪水期下游滩地的淤积量达 37 亿 t，是滩地淤积的主要形式。

引水闸引水淤滩在黄河上已有许多成功的例子，如 1975 年 7 月下旬花园口流量 7 700 m³/s 时，在兰考县杨庄险工下首开挖输沙引渠，引水两个月，淤平了杨庄到东明阎谭 20 多千米的堤河和兰考军李寨临河 1855 年以前冲决老堤形成的大潭坑——耿潭，这次淤地计约 0.335 万 hm²。又如濮阳县在 1977 年 7 月花园口流量 10 800 m³/s 时在渠村闸引水渠扒口，放水流量 90 ~ 250 m³/s，引水两个月，淤积量为 1 675 万 m³，使长约 16 km 的堤河基本淤平。

水力机械抽水淤滩在黄河下游"二级悬河"治理试验工程中发挥过重要作用。河南省濮阳南小堤至彭楼河段"二级悬河"治理试验工程于 2003 年 6 月 6 日，在濮阳县双合岭断面正式开工。该试验工程耗资 5 200 万元，工期 80 天。于 2003 年 12 月 15 日完成主体工程施工任务。从试验工程开工之日至洪水到来之前共完成输沙 164.8 万 m³。秋汛结束后，11 月 20 日挖泥船复工，12 月 5 日组合泵开始施工，到 12 月 15 日，又完成河道输沙 35.25 万 m³，本次试验工程总计输沙 200.05 万 m³，其中船淤 150.42 万 m³，泵淤 49.63 万 m³。由于水力机械抽水淤滩投资成本高，分析认为可以作为辅助性手段进行局部和临时性的措施使用。

近年来，随着人们对高含沙水流认识的不断深化，许多学者研究了高含沙水流的运动特性、漫滩机制，特别是费祥俊通过研究高含沙水流长距离输送机制与条件，提出通过水库把高含沙水流引入渠道到两岸放淤，可大大减轻高含沙水流对水库和河道带来的危害。"八五"期间黄河水沙变化与下游河道减淤措施研究表明：设计温孟滩淤区引渠最大引水流量为 500 m^3/s，将小浪底水库后期调水调沙后下泄含沙量超过 100 kg/m^3 的高含沙水流引入温孟滩，则后期年平均可引沙近 2 亿 t。可见，通过水库、引渠等配套工程措施放淤有一定潜力。但分析可以发现，如果要保证水资源利用一般水库运用水位都比较高，在高水位运用条件下实现水库排出高含沙水流的难度是非常大的，特别是能排出的沙量有多少更难以确定。另外，在水库低水位运用或蓄清排浑运用期，引水淤滩则可以根据淤滩目的灵活地引水，不一定必须从水库修建专门的引水渠道。

综合上述对淤滩形式的分析认为，含沙水流进入滩地主要靠洪水漫滩和人工引水淤滩两种形式。

黄河下游发生漫滩洪水的年份并不多，分析 1960 年以来黄河下游滩地淤积较大年份滩地淤积沙量与进入下游河段的沙量比例关系（见表5-18）可以发现，一般情况下黄河下游滩地淤积量占来沙量的 20% 左右。

表 5-18　黄河下游滩地淤积沙量与进入下游河段的沙量关系

年份	进口水沙量（花园口站）		下游淤积量（亿 t）		淤滩能力（%）
	水量（亿 m^3）	沙量（亿 t）	全断面	滩地	滩地/进口沙量
1960	275.15	6.13	1.302	1.473	24
1975	582.08	15.10	0.824	3.726	25
1976	516.54	9.72	0.866	2.312	24
1977	302.13	17.21	8.084	1.968	11
1982	439.50	6.14	−2.806	0.624	10
1996	268.08	9.48	7.198	1.745	18
平均值	397.25	10.63	2.58	1.97	19

黄河小北干流从 2004 年开始放淤到目前已经进行了 5 年，连伯滩放淤试验工程位于黄河小北干流上游左岸，在黄淤 65 断面和黄淤 67 断面之间，试验工程主要包括放淤闸、输沙渠、放淤区、退水闸等工程和建筑物。试验研究表明，小北干流放淤试验落淤泥沙量占引沙量的 60% ~70%。在工程措施保障的前提下，如果引水淤滩比例基本保持这一高水平，滩地放淤沙量的确定就取决于引入放淤区的总沙量了。

据分析 2000 ~2006 年小浪底年平均排沙比 16.5%，假设能够实现排沙期泥沙都用于放淤，则滩区落淤量为来沙量的 9.9% ~11.5% [16.5% ×（60% ~70%）]；将来"相机排沙运用"可能提高这一比例，暂定提高到 30%，相机排沙后滩区落淤量为 30% ×

（60%～70%）（=18%～21%）。由于小北干流重要的放淤地位,古贤水库运用方式建议把放淤作为其调度的重要内容,因此考虑由于放淤需求,古贤水库排沙比（为了有计划地放淤排沙）可以暂定比小浪底相机排沙期高1倍,即60%×（60%～70%）（=36%～42%）。

很明显,在水库排沙过程中泥沙都用于放淤的假设是很难实现的,初步认为50%的泥沙用于放淤已经很理想了。因此,确定引洪淤滩能力约为进入河段泥沙量的20%。

5.4.5　水库拦沙能力约束

水库拦沙能力主要取决于水库当前的拦沙库容和来沙情况,当来沙量小于当前水库的拦沙库容时,水库拦沙能力等于来沙量;当来沙量超出当前水库的拦沙库容时,水库拦沙能力等于拦沙库容。在计算长系列水沙条件时,水库的拦沙库容每次配置完成后模型会计算调整。

5.4.6　河槽冲淤能力约束

在没有人工干预的条件下或上游水库不具备拦沙运用的条件下,河槽冲淤能力反映的是河槽随水沙条件变化的运动规律。

在上游水库具有一定拦沙功能条件下,由于人类对某些重点河段河槽的冲淤存在规划治理的需求,河槽的冲淤能力将受治理目标以及水流冲刷河槽能力的共同约束。河段主槽达到治理目标之前,河槽冲刷重要,可以用最大冲刷能力作为计算的约束条件。根据李小平等对黄河干流三门峡水库和小浪底水库拦沙期黄河下游水流冲刷效率的研究,水库拦沙期黄河下游洪水的全沙冲刷效率在平均流量小于4 000 m³/s时随着洪水平均流量的增大而增大,当流量达到4 000 m³/s以后,冲刷效率随着流量的增大不再显著增加,基本保持在20 kg/m³,相当于50亿m³水冲刷1亿t沙。据此,总最大冲刷能力=（年水量×非汛期水量比例）/拦沙期水流冲刷效率+（年水量×汛期水量比例-控制断面低限水量）/洪水期冲刷效率。

下游主槽达到治理目标之后,河槽冲淤值取0（非汛期清水期虽然冲刷,但汛期洪水期可以通过相机排沙,适当淤积,实现年内平衡）。

5.4.7　配置单元泥沙配置变量间的响应关系约束

通过对水流输出河段沙量、固堤用沙、引水引沙、滩地淤沙、水库拦沙、河槽冲淤能力的分析可以看出:固堤用沙主要受工程进度的约束,与其他变量的函数关系不明显;水库拦沙主要取决于水库拦沙状况,是引起水沙搭配变化的重要动因;由于进入水库下游含沙量的变化,水流在河槽的冲淤量随之改变,可见河槽冲淤与水库拦沙存在内在联系;在水库排沙量已知的条件下,水流含沙量变化主要取决于河槽冲淤量的变化,而水流含沙量的调整是引起引水引沙量（主要是沙量）、淤滩沙量、输出河段沙量变化的主要原因。

考虑到配置单元泥沙配置变量间的响应关系研究主要用于确定流域优化过程中,上游河段配置量根据下游河段配置的需求如何调整的计算,而改变上游水库拦沙比例是实现这一优化目标的主要途径,因此需要研究河槽冲淤与水库拦沙的关系以及河槽冲淤与输出河段沙量的关系。

水库拦沙对下游河道的减淤和冲刷影响是非常复杂的。水库拦沙与河槽冲淤可能是分段关系,来沙量超饱和,拦沙减淤效率高;来沙量小于平衡输沙量后,拦沙减淤效率降低。本次只考虑满足冲淤平衡后,增大河道冲刷与水库增加拦沙量的关系。

由水流输沙和冲刷能力约束分析可知:冲刷 1 t 泥沙要 50 m^3 水,输送 1 t 泥沙要 30 m^3 水。如果下游需多冲刷 1 t 泥沙,则水库拦沙量需提高值可以这样考虑:由于多冲刷 1 t 沙需消耗 50 m^3 水,而这 50 m^3 水之前用于输沙的话是可以输送 5/3 t 泥沙的,现在这部分泥沙必须拦在水库里。由此可得水库拦沙量与冲刷量关系式为

$$5/3 \text{ 水库拦沙量 } \propto \text{ 冲刷量} \tag{5-6a}$$

式(5-6a)也可以理解为:拦沙量提高 5/3,冲刷能力增加 1。

同样,在确定输沙量与冲刷量关系过程中,如果 50 m^3 水均用于输沙而不冲刷河槽,则认为可以节约 20 m^3 原本用于冲刷的水量来输沙。即

$$\text{冲刷量} \propto \frac{2/3}{\text{输沙量}} \tag{5-6b}$$

式(5-6b)也可以理解为:冲刷能力提高 1,输沙能力减小 2/3。

5.4.8 泥沙总量平衡约束

根据配置理论可知,进入配置河段的沙量应该与各种配置单元沙量之和相等,即

进口沙量 = 输出河段沙量 + 固堤用沙量 + 引水引沙量 + 滩地淤沙量 + 水库拦沙量 + 河槽冲淤沙量

5.5 黄河干流泥沙空间优化配置数学模型求解

由上述目标函数和约束条件研究分析可知,黄河干流泥沙空间优化配置数学模型是一个典型的线性规划问题,模型的求解采用线性规划单纯形法计算,并编制成标准计算模块。

5.5.1 基本方法

考虑标准形式的线性规划问题:

$$\text{Max} z = a^T x \tag{5-7}$$

约束

$$Ax = b \quad (x \geqslant 0, b \geqslant 0)$$

其中,$A \in R^{m \times n}$,$a \in R^n$,$x \in R^n$,$b \in R^m$,$\text{rank}(A) = m \leqslant n$。

单纯形法的基本步骤是:

设 $A = (A_1, A_2, \cdots, A_n)$,$B = (A_{i1}, A_{i2}, \cdots, A_{im})$ 为一初始基。

(1)对基 B 有基可行解 $x_B = B^{-1}b = (xi_1, xi_2, \cdots, xi_m)$,$x_N = 0$,$x_N$ 的分量为非基变量,该基可行解对应的目标函数值为 $z = a_B^T x_B$,$a_B = (ai_1, ai_2, \cdots, ai_m)^T$。

(2)设 $W^T = a_B^T B^{-1}$,对所有非基变量计算判别系数 $\lambda_i = W^T A_j - a_j$(或 $\mu j = -\lambda j$)

$(j \in R, R$ 表示非基变量的下标集)。

令 $\lambda k = \min\limits_{k \in R}\{\lambda_j\}$（或 $uk = \max\limits_{j \in R}\{u_j\}$，对极小化问题，$\lambda k = \max\limits_{j \in R}\{\lambda_j\}$），这里当有多个 k 可取时，取最小的 k，以避免退化时基的循环。

若 $\lambda k \geq 0$（或 $\mu k \leq 0$，对极小化问题，$\lambda k \leq 0$），则这时已得到最优基可行解，停止计算，否则转到下一步。

（3）计算 $y_k = B^{-1}A_k = (y_{1k}, y_{2k}, \cdots, y_{mk})^{\mathrm{T}}$（或 $Z_k = -y_k$），若 $y_k \leq 0$（或 $Z_k \geq 0$），则停止计算，问题不存在有限最优解，即目标函数无界，否则转到下一步。

（4）计算 $\tilde{b} = B^{-1}b = (\tilde{b}_1, \tilde{b}_2, \cdots, \tilde{b}_m)^{\mathrm{T}}$，确定指标 r，使

$$\tilde{b}_r / y_{rk} = \min\limits_{i \in E}\{\tilde{b}_i / y_{ik} : y_{ik} > 0\}$$

（或 $\tilde{b}_r / z_{rk} = \min\limits_{i \in E}\{\tilde{b}_i / z_{ik} : z_{ik} < 0\}$），这里 E 表示基变量的指标集，于是 x_{ir} 为离基变量，x_k 为进基变量，用 A_k 替换 A_{ir} 后得到新的基 B，返回（1）。

若设 $A = (B, N)$，$B \in R^{m \times n}$ 可逆，记 $x = \begin{bmatrix} x_B \\ x_N \end{bmatrix}$，$a = \begin{bmatrix} a_B \\ a_N \end{bmatrix} \in R^n$（可能经列调换），则式(5-7)等价于：

$$\begin{aligned} &\text{Max } z \\ &\text{约束 } z - (a_B^{\mathrm{T}}B^{-1}N - a_N^{\mathrm{T}})x_N = a_B^{\mathrm{T}}B^{-1}b \\ &x_B + B^{-1}Nx_N = B^{-1}b \\ &x_B \geq 0, x_N \geq 0 \end{aligned} \tag{5-8}$$

把式(5-8)的约束议程的系数置于表中即得单纯形表（见表5-19）。

表 5-19　矩形表示的单纯形表

	b	x_B	x_N
z	$a_B^{\mathrm{T}}B^{-1}b$	0	$\lambda^{\mathrm{T}} = a_B^{\mathrm{T}}B^{-1}N - a_N^{\mathrm{T}}$
x_B	$\bar{b} = B^{-1}b$	I_m	$Y = B^{-1}N$

写成分量形式：$l = n - m$，见表5-20。

表 5-20　向量表示的单纯形表

	b	$x_{j1}, x_{j2}, \cdots, x_{jm}$	$x_{j1}, x_{j2}, \cdots, x_{jl}$
z	$a_B^{\mathrm{T}}\bar{b}$	$0, 0, \cdots, 0$	$\lambda_{j1}, \lambda_{j2}, \cdots, \lambda_{jl}$
x_{j1}	$\bar{b}_1$	$1, 0, \cdots, 0$	$y_1 j_1, y_1 j_2, \cdots, y_1 j_l$
x_{j2}	$\bar{b}_2$	$0, 1, \cdots, 0$	$y_2 j_1, y_2 j_2, \cdots, y_2 j_l$
$\vdots$	$\vdots$	$\vdots$	$\vdots$
x_{jm}	$\bar{b}_m$	$0, 0, \cdots, 1$	$y_m j_1, y_m j_2, \cdots, y_m j_l$

于是单纯形法的基本步骤如下：

（1）$(x_B, x_N) = (B^{-1}b, 0)$ 即是一基可行解，对应的目标函数为 $z = a^{\mathrm{T}}\tilde{b}, \tilde{b} = B^{-1}\tilde{b}$。

（2）若 $\lambda \geq 0$，则现行基可行解即为最优解。

（3）否则，设 $\lambda_k = \min\{\lambda_j\}$，当 $y_k = B^{-1}A_k = (y_{1k}, y_{2k}, \cdots, y_{mk})^{\mathrm{T}} \leq 0$ 时，停止计算，问题无有限最优解。

（4）否则，选主元，进行转轴运算，令

$$\tilde{b}_r/y_{rk} = \min_{i \in E}\{\tilde{b}_{ri}/y_{ik} \,|\, y_{ik} > 0\}$$

则 y_{rk} 即为主元。

转轴运算：对单纯形表中双线中的数构成的矩阵进行主元消去法（把主元列 y_k 变为 $e_k = (0, \cdots, 0, 1, 0, \cdots, 0)^{\mathrm{T}} \in R^m$，$\lambda_k$ 也变为 0），且交换基变元 x_{ir} 与非基变元 x_k 使 x_k 进入基变元，得到新的单纯形表，重复以上步骤，直至找到最优解或确定无最优解。

5.5.2 模型求解过程

计算过程利用 VB 语言编制成计算模块，模块基本界面如图 5-4 ~ 图 5-6 所示。

图 5-4　黄河干流泥沙配置模型计算初始界面

图 5-5　打开模型目标函数与约束条件系数矩阵文件

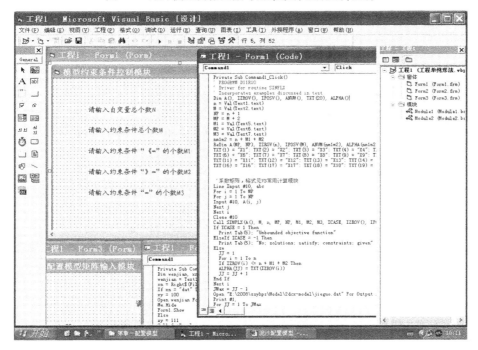

图 5-6　单纯形法优化计算模块

5.6 小　结

本章主要研究了黄河干流泥沙配置的目标函数和约束条件,并借鉴运筹学方法建立了数学模型。主要研究成果如下:

(1)通过层次分析方法确定了黄河干流泥沙配置的目标、指示指标、配置途径等,构建了黄河干流泥沙空间优化配置层次分析表。

(2)根据层次分析法,对黄河干流泥沙空间优化配置层次分析表进行逐层次分析,构造判断矩阵,并判断矩阵的一致性,矩阵构造满足条件后计算其最大特征值对应的归一化特征向量,以此作为各层权重系数,最后通过递推关系确定了目标函数的数学表达式为

$$Z = 0.073\,7(W_S)_1 + 0.155\,8(W_S)_2 + 0.147\,7(W_S)_3 +$$
$$0.216\,8(W_S)_4 + 0.051\,5(W_S)_5 + 0.354\,5(W_S)_6$$

式中　Z——黄河干流泥沙配置目标函数;

$(W_S)_1$、$(W_S)_2$、$\cdots$、$(W_S)_6$——水库拦沙、引水引沙、滩地淤沙、固堤用沙、河槽冲淤、输出河段等配置单元。

(3)通过黄河干流水沙运动特点研究确定了水流输出河段沙量、固堤用沙、引水引沙、滩地淤沙、水库拦沙、河槽冲淤等能力的约束以及各配置单元泥沙配置变量间的响应关系约束。

(4)采用线性规划单纯形法对模型进行了求解,利用VB语言编制成标准计算模块。

参 考 文 献

[1] 吴祈宗.运筹学与最优化方法[M].北京:机械工业出版社,2003.

[2] 水利部黄河水利委员会.黄河近期重点治理开发规划[M].郑州:黄河水利出版社,2002.

[3] 李国英.黄河治理的终极目标是"维持黄河健康生命"[J].中国水利,2004,26(1):1-2.

[4] 水利部黄河水利委员会.维持黄河健康生命的研究与实践[R].2007.

[5] 陈雷.发展水利　改善民生[N].人民日报,2008-03-24.

[6] 徐乾清.中国防洪减灾对策研究[M].北京:中国水利水电出版社,2002.

[7] 黄河水利科学研究院.黄河输沙水量研究(初稿)[R].2005.

[8] 叶遇春.历代引泾工程初探——从郑国渠到泾惠渠[J].陕西水利,1987(4):42-47.

[9] 秦明周,朱连奇,陈云增,等.引用黄河泥沙对下游平原土地质量及其演变的影响[J].水土保持学报,2001,15(4):107-109.

[10] 李庆扬,王能超,易大义,等.数值分析[M].北京:清华大学出版社,2001.

[11] 张德茹,梁志勇,等.黄河下游引水引沙与河道冲淤关系研究综述[J].泥沙研究,1995(2):32-42.

[12] 水利部黄河水利委员会.人民治理黄河六十年[M].郑州:黄河水利出版社,2006.

[13] 尚红霞,孙赞盈,李小平,等.小浪底水库运用以来下游河道冲淤效果分析[R].郑州:黄河水利科学研究院,2007.

[14] 李小平,张晓华,尚红霞,等.2005年黄河下游水沙变化及河床演变特性[R].郑州:黄河水利科学研究院,2006.

［15］李泽刚.黄河近代三角洲海岸的动态变化[J].泥沙研究,1987(4):36-44.

［16］曾庆华,张世奇,胡春宏,等.黄河口演变规律及整治[M].郑州:黄河水利出版社,1998.

［17］曹文洪,何少苓,等.黄河河口海岸二维非恒定水流泥沙数学模型[J].水利学报,2001(1):42-48.

［18］胡春宏,曹文洪.黄河口水沙变异与调控(Ⅰ)——黄河口水沙运动与演变基本规律[J].泥沙研究,2003(5):2-3.

［19］胡春宏,曹文洪.黄河口水泥变异与调控(Ⅱ)——黄河口治理方向与措施[J].泥沙研究,2003(5):9-14.

［20］李东风,张红武,等.黄河河口数学模型及泥沙输移规律研究[J].水利学报,2004(6):1-6.

［21］李东风,张红武,钟德钰,等.黄河河口潮流和泥沙淤积过程数值分析研究[J].水利学报,2004,(11):77-79.

［22］黄河水利科学研究院.河南黄河2003年濮阳南小堤—彭楼河段疏浚河槽、淤填堤河及淤堵串沟试验工程效果初步分析[R].2004.

［23］黄河水利委员会.黄河下游"二级悬河"成因及治理对策[M].郑州:黄河水利出版社,2003.

［24］梁志勇,王兆印,匡尚富,等.分流对高含沙输送影响试验的初步分析[J].泥沙研究,1999,(6):74-78.

［25］张德茹,苏晓波,王力,等.洛惠渠高含沙水流的特性分析[J].泥沙研究,2000(2):44-48

［26］陈立,詹义正,周宜林,等.漫滩高含沙水流滩槽水沙交换的形式与作用[J].泥沙研究,1996(2):45-49.

［27］费祥俊.高含沙水流长距离输沙机理与应用[J].泥沙研究,1998(3):55-61.

［28］齐璞,李世滢,刘月兰,等.黄河水沙变化与下游河道减淤措施[M].郑州:黄河水利出版社,1997.

［29］武彩萍,林秀芝,陈俊杰,等.黄河小北干流连伯滩放淤试验工程淤区实体模型试验研究报告[R].郑州:黄河水利科学研究院,2004.

［30］王自英,黄福贵,陈伟伟,等.黄河小北干流放淤试验效果分析[R].郑州:黄河水利科学研究院,2005.

［31］马怀宝,蒋思奇,李涛,等.2006年小浪底水库运用及库区水沙运动特性分析[R].郑州:黄河水利科学研究院,2007.

［32］李小平,李文学,李勇,等.水库拦沙期黄河下游洪水冲刷效率调整分析[J].水科学进展,2007,(1):45-47.

［33］何光渝.Visual Basic 常用数值算法集[M].北京:科学出版社,2002.

第6章 黄河干流泥沙空间优化配置研究

6.1 输出利津以下沙量减小

1950年7月至2005年6月黄河干流泥沙分布总量情况如表6-1所示。

表6-1 1950年7月至2005年6月黄河干流泥沙分布总量情况

沙量 （亿t）	分布单元	水库拦沙		引沙		冲积性河道冲淤			固堤用沙	输出利津
	总沙量	上游	中游	宁蒙	下游	宁蒙	小北干流	下游	下游	利津
	759.05	31.90	56.00	26.25	61.44	12.44	36.25	83.19	10.83	440.75
百分比 （%）	100	4.20	7.38	3.46	8.09	1.64	4.77	10.96	1.43	58.07

表6-1表明,该时期进入干流的泥沙总量为759.05亿t,输出利津以下的沙量为440.75亿t,占时段进入黄河干流泥沙总量的58%,可见,输送到利津以下是处理进入干流泥沙的主要途径。针对入黄泥沙总量非常巨大的特点,只有充分利用水流输沙能力输沙入海才是黄河流域泥沙可持续配置的基本保证。

从不同时期泥沙分布情况来看,1986年7月以前,输出利津站(黄河出口控制水文站)的泥沙量占各时期泥沙总量的百分比都在60%左右;1986年7月至1999年6月,输出利津站的泥沙量占时段泥沙总量的39%;1999年7月至2005年6月,输出利津站的泥沙量占时段泥沙总量的34%。1986年7月之后,输出流域的泥沙量占入黄总沙量的比重大幅度降低,出口断面泥沙量占进入干流总沙量的比重不断降低,结果必然是更大比例的泥沙沉积在干流河道或水库里,不利于黄河干流泥沙的整体配置。

6.2 各河段淤积严重

由于输出流域泥沙量占入黄总沙量的比重不断降低,结果必然是更大比例的泥沙沉积在干流河道或水库里。

6.2.1 河道淤积

黄河干流属冲积性河床的河段主要包括黄河上游宁蒙河段、黄河中游小北干流河段以及黄河下游三个河段。图6-1给出了黄河干流典型冲积性河段1950年之后累计冲淤过程,从图6-1可以看出,1960年以前三个典型冲积性河段均表现为累计性淤积,1960年之后,各个河段受水沙条件变化及干流水利工程运用的共同影响表现出不同的冲淤变化特点。1960～1985年,受上游水库拦沙运用的影响,宁蒙河段处于冲刷状态,1986年之后逐年淤积;黄河小北干流河段1960～1972年主要受三门峡水库拦沙运用和滞洪运用的影响处于淤积状态,1973～1985年基本上保持冲淤平衡,1986年以后则逐年淤积;黄河下游1960年以后有两个时段是逐年淤积抬升的,第一个时段是1965～1980年,受水沙条件和三门峡水库排沙的共同影响,该时段黄河下游淤积比较严重,第二个时段为1986年到1999年,该时段总淤积量达到29.8亿t。可见1986年之后,黄河干流各河段淤积都非常严重,其不利影响主要有如下两个方面。

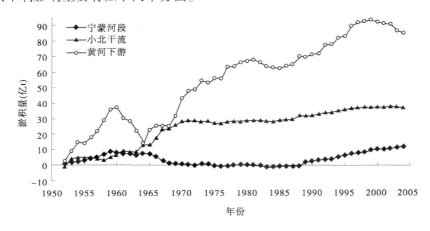

图6-1 黄河干流冲积性河段累计淤积过程

(1)干流重点河段防洪压力增大。黄河中游小北干流河段虽为冲积性河床,但防洪任务不重。下游河段和宁蒙河段是当前干流防洪重点河段。宁蒙河段20世纪90年代以前,巴彦高勒平滩流量为4 000～5 000 m³/s,1991年开始明显减小,之后平滩流量持续减小,到2004年只有1 350 m³/s;三湖河口断面20世纪90年代以前平滩流量为3 200～5 000 m³/s,1987年后呈减小趋势,1992年为3 200 m³/s,达到有实测资料以来的最小值,之后仍呈减小趋势,到2004年只有950 m³/s;昭君坟断面的平滩流量1974～1988年为2 200～3 200 m³/s,1990年为2 000 m³/s,为有实测资料以来的最小值,之后持续减小,1995年约为1 400 m³/s。黄河下游各重点水文站平滩流量受三门峡水库和小浪底水库调节影响较大。1960～1965年,由于三门峡水库拦沙运用,下游河道主槽冲刷量较大,各河段平滩流量均达到最大值;1965～1986年,受水沙条件和三门峡水库运用的共同影响,黄河下游主槽平滩流量为4 000～6 000 m³/s;1986～2002年,黄河下游主槽平滩流量持续减小,其中高村和孙口水文站平滩流量2002年达到2 000 m³/s左右,是历史最小值。

(2)对支流防洪产生不利影响。渭河是黄河的最大支流,从三门峡水库规划修建到目前,渭河下游防洪问题一直是各方关注的重点问题。渭河、北洛河在黄河干流潼关水文站断面附近汇入黄河,潼关河床受山岭限制成宽仅1 km的天然卡口,历史上,遇较大洪水时,有卡口壅高水位现象,潼关河床起着局部侵蚀基面的作用。影响潼关高程变化的因素非常复杂,主要有水沙条件、水库运用及河床边界等,虽然对不同时期影响潼关高程变化关键因素的认识存在较大分歧,但潼关高程(见图6-2)上升对渭河下游防洪不利是毋庸置疑的。

图 6-2　历年潼关高程变化

6.2.2　水库淤积

我国水资源在时间分布上是很不均匀的,南方的雨季大致是 3~6 月,或 4~7 月,在这期间的降水量占全年的 50%~60%;在北方,不仅降水量小于南方,而且分布更不均匀,一般在 6~9 月的降水量达到全年的 70%~80%,有时甚至集中在两个月内。为了更充分地利用水资源,对水资源进行年内(甚至年际)再分配是必然的客观需求,能够实现这一功能的主要途径就是修建坝库拦蓄水资源。问题的另一方面是:在河流上修建拦蓄工程,将破坏天然水沙条件与河床形态的相对平衡状态,库区水位壅高,坝前侵蚀基准面抬高,使水深增大,水面比降减缓,流速减小,水流输沙能力显著降低,促使大量泥沙在库内淤积,其结果是水库有效库容减小,防洪、灌溉、供水、发电功能损失。水库是当前防洪体系中非常重要的组成部分,在防洪要求越来越高的现状条件下,利用水库滞洪错峰已成为黄河防洪调度的关键手段。黄河干流三门峡水库、小浪底水库与支流陆浑水库、故县水库联合运用,可将花园口断面百年一遇洪水的洪峰流量由 29 200 m³/s 削减至 15 700 m³/s,经过下游河道、滩区削减,到达孙口站不超过 13 500 m³/s,东平湖滞洪区的运用概率也大为减小;花园口断面若发生千年一遇洪水,洪峰流量可由 42 100 m³/s 削减到 22 600 m³/s。按照花园口站 22 000 m³/s 设防,可基本不使用北金堤滞洪区分洪。可见保持水库库容对于流域水资源配置以及减轻黄河下游防洪压力是至关重要的。

从表 6-2 可以看出,黄河干流控制性水库淤积情况除龙羊峡水库外都比较严重,其中青铜峡、刘家峡、三门峡等水库的库容损失率都很高。由于水库坝址是宝贵的不可再生资源,特别是控制性骨干水库,一旦淤满,其损失不仅是修建枢纽工程的投资,还有非常稀缺的水库坝址资源,因此合理确定水库不同时期的排沙比是实现水库可持续利用的重要保证。

表 6-2 黄河干流控制性水库淤积情况（资料截至 2005 年 6 月）

位置	水库名称	建成时间 （年-月）	总库容 （亿 m³）	已淤积库容 （亿 m³）	库容损失率 （%）
上游	青铜峡	1967-04	5.7	7.5	132
	刘家峡	1968-01	57	13.8	24
	龙羊峡	1986-01	193.5	3.2	2
中游	三门峡*	1960-09	98.4	55	56
	万家寨	1998-01	9	1.7	19
	小浪底	1999-01	126.5	18.1	14

注：* 计算高程为 335 m。

6.3 黄河下游滩槽淤积分布不合理、"二级悬河"严重

1950 年 7 月至 1960 年 6 月（天然条件下），滩地淤积量为 27.699 亿 t，主槽淤积量为 8.141 亿 t；1960 年 7 月至 2005 年 6 月，滩地淤积量为 30.077 亿 t，主槽淤积量为 17.27 亿 t，两个时段滩地淤积量接近，但 1960 年 7 月至 2005 年 6 月主槽淤积量几乎是天然情况下淤积量的两倍。1960 年之后黄河下游泥沙主要淤积在主河槽里，大大降低了河槽的排洪输沙能力。1965 年之后，由于洪峰较小，加上生产堤等阻水建筑物的存在，影响了滩槽水流泥沙的横向交换，泥沙淤积主要集中在生产堤之间的主槽和嫩滩上，生产堤至大堤间的广大滩区淤积很少，造成黄河下游"二级悬河"日趋严重的不利局面，对下游堤防安全构成较大的威胁，具体体现在以下五个方面。

6.3.1 增加了堤防溃决的可能性

下游"二级悬河"加剧，滩区水深较大，目前，只要洪水漫滩，大堤堤河附近平均水深即可达到 2 ~ 3 m，局部河段堤河最大水深可达到 5 m 以上。表 6-3 统计了下游不同河段平滩水位下堤河平均水深的特征值，可以看出，东坝头—高村河段的右岸和高村小堤—陶城铺河段的左岸河段平均水深分别达到 2.96 m 和 2.78 m，相应断面最大水深为 4.49 m 和 4.44 m，泺口—利津和利津—渔洼河段左岸平均水深也分别达到 2.56 m 和 3.08 m，相应断面最大水深分别为 3.69 m 和 4.31 m。堤河水深较大，长时期浸泡大堤，增大了堤防发生溃决的可能性。

统计不同河段堤河水深量级的分布情况（见表 6-4）可以看出，京广铁桥—河口河段堤河平均水深大于 4 m 的断面左岸有 5 个，右岸有 4 个，分别占所统计断面（有滩断面）的 5.38% 和 3.96%，水深大于 2 m 的断面左右岸分别占统计断面的 64.52% 和 61.39%。其中，以东坝头—陶城铺河段堤河平均水深更大，水深大于 4 m 的断面左右岸分别占所统计断面（有滩断面）的 11.43% 和 6.67%，水深大于 2 m 的断面左右岸分别占统计断面的 74.29% 和 80%。

表 6-3　下游各河段平滩水位下堤河平均水深特征值　　　　　（单位：m）

河段	全河段平均		断面最大		断面最小	
	左岸	右岸	左岸	右岸	左岸	右岸
京广铁桥—东坝头	1.69	1.80	3.37	3.42	-0.35	0.38
东坝头—高村	2.36	2.96	3.26	4.49	0.98	1.69
高村—陶城铺	2.78	2.47	4.44	4.11	0.84	1
陶城铺—泺口	1.83	2.18	3.39	3.94	0.73	0.73
泺口—利津	2.56	2.23	3.69	4.60	1.21	-0.26
利津—渔洼	3.08	1.77	4.31	2.53	1.20	0.81
渔洼—汊2	1.60	1.85	2.82	4.87	0.58	0.57

表 6-4　平滩水位下堤河平均水深分布统计

平均水深	京广铁桥—河口				东坝头—陶城铺			
	不同水深断面数（个）		不同水深断面占比（%）		不同水深断面数（个）		不同水深断面占比（%）	
	左岸	右岸	左岸	右岸	左岸	右岸	左岸	右岸
大于 4 m	5	4	5.38	3.96	4	2	11.43	6.67
3 ~ 4 m	23	20	24.73	19.80	9	8	25.72	26.67
2 ~ 3 m	32	38	34.41	37.63	13	14	37.14	46.66
1 ~ 2 m	23	23	24.73	22.77	7	6	20	20
小于 1 m	10	16	10.75	15.84	2	0	5.71	-1
统计断面总数	93	101	100	100	35	30	100	100

6.3.2　增加了顺堤行洪、堤防冲决的可能性

堤河低洼的地形条件为顺堤行洪提供了基本的边界条件,而历史上由于漫滩行洪决口改道在滩区遗留的纵横串沟甚多,为漫滩水流向堤河低洼地带汇集提供了更为便利的条件。据统计,目前下游滩区有较大的串沟 89 条,总长约 356 km,沟宽 100 ~ 300 m、沟深 0.5 ~ 2.0 m。小的串沟和牛角形封闭洼地比比皆是。当发生平滩以上洪水时,漫滩水流将冲毁生产堤的薄弱地段或经过生产堤口门,沿着滩面比降较大的区域和串沟直冲黄河大堤,并在堤河低洼地带形成顺堤行洪,对堤防工程的防守构成很大威胁。

随着临河滩面和平滩水位悬差的增大,滩区过流量和过流比例明显增加。同时,主槽过流量的减小,进一步增大了滩区过流量以及在堤河低洼地带顺堤行洪、冲决堤防的危险性。另外,由于滩区过水面积大,下游滩区平均流速并不是很大,但滩区过流很不均匀,相对更容易集中在地势低洼的串沟和堤河附近集中过流,滩区主流带流速仍然较大。由于目前堤河附近高程最低,所以一旦洪水漫滩,最容易在堤河附近形成集中过流,冲决大堤。

6.3.3 增大了较大滩区发生"滚河"的可能性

黄河下游滩区较多,但总体上可分为条形滩区和三角形滩地,三角形滩地上下均有险工控制,并且面积较小、宽度较窄,洪水期顺堤流速较大,但是受滩区空间的制约,发生大范围"滚河"的可能性不大。条形滩区面积较大,堤河附近地形低洼,具有在滩区形成第二个主槽的空间条件,在滩区分流比例较大的条件下,存在"滚河"的可能。图 6-3 是下游长垣北滩滩区等高线分布图,可以看出河道横断面左滩地一般可以横跨 3 条高差为 1 m 的等高线,堤河低洼地带一般较滩唇低 2～3 m,从等高线分布图上可以较容易沿较低地形勾绘出可能的"滚河"路线。

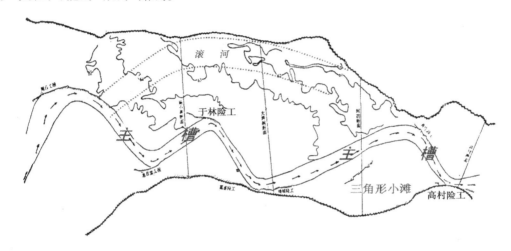

图 6-3　下游长垣北滩滩区等高线和可能的滚河范围线

6.3.4 增加了河道整治难度

黄河下游河道整治工程对控制河势、稳定河槽,减轻"横河""斜河"冲决堤防的护滩保堤起到了积极作用。但是"二级悬河"的加剧,增大了河道整治的难度。近年来下游河槽淤积抬高,断面萎缩,平滩流量减小,在与过去同样的平滩流量情况下,现今早已漫过主槽,河道整治工程稳定河势的作用削弱。"96·8"洪水期间,控导护滩工程漫顶较多,共有 127 处工程、1 346 道坝漫顶,占坝垛总数的 35.8%,平均漫顶水深 0.2 m,最深0.5 m。同时,长期小水条件下的整治流量、整治宽度等参数都将发生较大变化,给已有河道整治工程的适应性带来了较大的影响。

6.3.5 增大了滩区群众财产损失

黄河滩区是洪水的行洪区,又是滩区人民繁衍生息的居住地。滩区群众经济落后,生产力发展缓慢,抗御自然灾害的能力脆弱。

由于长期小水行河,"二级悬河"加剧,加之嫩滩耕种、糙率增加,下游河道主槽过流能力严重下降,水位表现明显偏高,漫滩概率增大,洪水淹没损失增加。1992 年以来,就有 1992 年、1994 年、1996 年和 2002 年等 4 年漫滩成灾。"96·8"洪水虽属中常洪水,但下游滩区大部分滩区漫水,淹没耕地 301 万亩,倒塌房屋 22.65 万间,损坏房屋 4 096 万间。按当年价格计算,直接经济损失 64.6 亿元。2002 年调水调沙试验期间,高村附近河段部分观测点水位已超过黄河"96·8"洪水水位 0.28 m(苏泗庄,"96·8"洪水高村站洪峰流量 6 810 m³/s,水位 63.87 m)。在流量不足 2 000 m³/s 的情况下,河道整治工程之间的嫩滩即已经大部分过水,高村—孙口河段的河南濮阳县习城滩、渠村东滩、山东东明县北滩、鄄城县左营滩、郓城县四杰滩等滩区因生产堤溃口被淹。据统计核查,河南、山东两省漫滩面积共 34.32 万亩,其中耕地 29.3 万亩、水围村庄 196 个、人口 12 万人。

由于滩唇高仰,漫滩洪水在滩区滞留时间长,"96·8"洪水在下游各站间的传播时间比正常情况下慢 14~100 h,如韩胡同—孙口河段长 20 km,同级流量洪水正常运行时间为 2~3 h,而"96·8"洪水实际运行时间为 57 h。洪水过后河南滩区仍滞留 6.8 亿 m³ 水量,至 1996 年 10 月 4 日山东滩区仍有 9.22 万亩积水未退,相应水量 0.52 亿 m³,这些积水只能通过机械抽排才能排除,直接加重了滩区淹没损失。

6.4 水库调节对黄河干流泥沙配置的利与弊

从长时期角度看,影响黄河干流泥沙分布的最主要因素是来水来沙条件,水库调度只是在一定范围内、一定时段对黄河干流冲淤分布产生影响,水库对干流泥沙分布产生显著影响的时期主要是蓄水拦沙运用期。黄河干流水库,特别是控制性水库修建后,不但在黄河流域防洪调度、水资源配置、发电以及供水灌溉等多方面发挥了巨大效益,而且水库拦减泥沙运用在减少下游河道淤积、改善河道过流条件方面也发挥了巨大作用;但不可否认,在取得巨大效益的同时,水库调度过程中也产生了一些不利于黄河干流泥沙分布的问题。水库调节是现状条件下对黄河干流泥沙分布影响最大的人为因素,因此分析水库运用对黄河干流泥沙分布的影响至关重要。

6.4.1 水库合理拦沙是减小下游淤积、改善河道条件的客观需求

按照黄河下游淤积量大小进行排序对干流历年各单元泥沙配置进行统计(见表 6-5)。从表 6-5 中可以看出,1960 年 7 月至 2005 年 6 月进入黄河干流的泥沙总量为 557.85 亿 t,黄河下游总淤积量为 49.01 亿 t,其中黄河下游共有 9 年淤积量超过 4 亿 t,9 年淤积总量为 60.92 亿 t,可见合理配置典型年份泥沙对于减小下游河道淤积具有重要意义。

分析黄河下游淤积严重的年份,发现这些年份输出利津以下的沙量占总沙量的百分比基本上小于 50%,而水库拦沙比例也较低(除 1977 年拦沙比例为 11% 外,其他年份都小于 10%)。这一分布特点说明当年的水流条件将泥沙输出利津以下的能力有限,为减小河道的淤积比例,其他配置措施需要增大泥沙配置比例。由于三门峡水库拦沙能力的限制,历史条件下水库拦沙比例不能提高,但是在小浪底(甚至古贤)水库运用后,遇同样水沙条件,通过增大水库拦沙量,黄河下游河道淤积量可以大大减小。

表 6-5　黄河干流历年泥沙分布情况

年份	下游冲淤量（亿 t）	各分布单元沙量百分比（%）					花园口汛期水沙条件			
		水库拦沙	引沙	河道冲淤	固堤用沙	出利津	总沙量（亿 t）	水量（亿 m³）	沙量（亿 t）	含沙量（kg/m³）
1970	11.00	0	8	50	0	42	26.271	182	14.70	81
1965	8.28	−29	4	89	0	36	8.952	165	3.63	22
1977	7.22	11	11	38	1	39	23.721	185	16.62	90
1996	6.65	−5	13	60	1	31	14.173	154	8.71	57
1969	6.51	2	7	54	0	37	15.632	131	7.95	61
1992	5.75	7	17	45	1	30	16.086	140	8.92	64
1973	5.56	0	12	28	0	60	20.419	211	13.85	66
1988	5.01	3	13	39	1	44	19.427	222	12.06	54
1971	4.95	1	10	32	0	57	15.946	156	9.13	59
1994	3.91	5	11	42	1	41	15.517	142	9.35	66
1975	2.90	1	14	1	0	84	14.846	351	13.25	38
1966	2.68	8	7	21	0	64	27.992	313	17.52	56
1997	2.14	17	29	47	2	5	6.760	50	3.17	63
1979	2.11	5	22	19	3	51	13.726	223	8.75	39
1986	1.53	8	29	28	4	31	5.458	142	2.77	20
1960	1.45	34	24	15	6	21	15.188	134	5.09	38
1990	1.35	11	18	21	2	48	11.165	148	5.19	35
1995	1.34	5	16	27	2	50	11.206	119	6.71	56
1987	1.16	26	21	33	3	17	5.198	92	1.80	20
1980	1.12	−2	29	21	9	43	6.714	150	4.54	30
1999	1.05	10	23	27	2	38	6.693	96	4.09	43
1972	1.04	19	29	4	0	48	6.492	134	3.83	29
1981	0.84	2	16	5	3	74	16.012	364	12.21	34
1998	0.80	15	15	24	2	44	8.274	109	4.57	42
1978	0.74	4	17	9	6	64	16.721	225	11.66	52
1991	0.58	15	25	41	3	16	5.026	59	2.03	34
1993	0.31	−3	20	9	3	71	6.698	146	4.63	32
1976	0.16	11	12	−3	1	79	10.853	350	8.77	25
1967	0.06	16	3	8	0	73	27.801	445	16.45	37

年份	下游冲淤量（亿 t）	各分布单元沙量百分比（%）					花园口汛期水沙条件			
		水库拦沙	引沙	河道冲淤	固堤用沙	出利津	总沙量（亿 t）	水量（亿 m³）	沙量（亿 t）	含沙量（kg/m³）
1968	−0.07	9	7	−6	0	90	13.901	332	11.89	36
1989	−0.22	13	21	14	1	51	12.779	217	7.07	33
1985	−0.37	7	13	11	2	67	10.538	265	6.81	26
2002	−0.73	58	16	9	3	14	5.079	91	0.92	10
2001	−0.85	81	19	−16	3	13	4.754	45	0.28	6
1984	−1.18	0	12	−13	4	97	9.969	338	7.50	22
1974	−1.44	27	19	−15	1	68	7.803	126	4.65	37
2000	−1.49	70	21	−19	4	24	4.492	49	0.17	3
2004	−1.51	32	44	−97	11	110	1.396	87	1.72	20
1982	−1.97	22	18	−33	5	88	6.393	246	5.20	21
1962	−2.12	54	2	−26	0	70	11.767	235	3.18	14
1983	−2.19	1	19	−46	5	121	8.211	380	7.43	20
2003	−4.08	111	20	−97	4	62	4.121	139	1.64	12
1963	−6.10	65	4	−71	0	102	9.972	309	5.75	19
1961	−7.17	76	3	−30	0	51	19.130	294	2.71	9
1964	−7.70	37	2	−6	0	67	28.580	518	11.89	23
总计	49.01						557.85			

由表 6-5 还可以看出，黄河下游河道冲刷量超过 1 亿 t 的年份有 11 年，其中除 1983 年、1984 年两年外，其他年份水库拦蓄泥沙的比例都超过 20%，且汛期进入下游的平均含沙量都较低。水库拦沙期冲刷主要发生在主河槽，这对于改善河道条件、增大河道过流能力是十分有利的。

从不同时期黄河下游年均冲淤量（见表 6-6）可以看出，1960 年 7 月至 1965 年 6 月三门峡水库拦沙期和 1999 年 7 月至 2005 年 6 月小浪底水库拦沙运用初期黄河下游河道沿程均发生了冲刷，且冲刷主要发生在主槽内。

表 6-6　不同时期黄河下游年均冲淤量　　　　　　（单位:亿 t）

时段 （年-月）	冲淤部位	三门峡— 花园口	花园口— 高村	高村— 艾山	艾山—利津
1950-07 ~ 1960-06	主槽	0.318	0.298	0.189	0.010
	滩地	0.298	1.062	0.973	0.437
1960-07 ~ 1965-06	主槽	− 0.757	− 1.237	− 0.801	− 0.186
	滩地	− 0.728	− 0.558	− 0.059	0
1965-07 ~ 1973-06	主槽	0.461	1.226	0.569	0.628
	滩地	0.471	0.755	0.157	0.039
1973-07 ~ 1986-06	主槽	− 0.169	− 0.103	0.073	0.004
	滩地	− 0.002	0.453	0.560	0.222
1986-07 ~ 1999-06	主槽	0.282	0.857	0.261	0.282
	滩地	0.157	0.366	0.115	0.010
1999-07 ~ 2005-06	主槽	− 0.464	− 0.620	− 0.105	− 0.240
	滩地	0.028	0.078	0.052	0.002

1960 年 7 月至 1965 年 6 月,三门峡—花园口河段主槽冲刷量为 0.757 亿 t,滩地冲刷量为 0.728 亿 t,主槽冲刷量约占总冲刷量的 51%;花园口—高村河段主槽冲刷量为 1.237 亿 t,滩地冲刷量为 0.558 亿 t,主槽冲刷量约占总冲刷量的 69%;高村—艾山河段主槽冲刷量为 0.801 亿 t,滩地冲刷量为 0.059 亿 t,主槽冲刷量约占总冲刷量的 93%;艾山—利津河段主槽冲刷量为 0.186 亿 t,滩地冲刷量为 0。1999 年 7 月至 2005 年 6 月三门峡—花园口河段主槽冲刷量为 0.464 亿 t,滩地淤积量为 0.028 亿 t;花园口—高村河段主槽冲刷量为 0.620 亿 t,滩地淤积量为 0.078 亿 t;高村—艾山河段主槽冲刷量为 0.105 亿 t,滩地淤积量为 0.052 亿 t;艾山—利津河段主槽冲刷量为 0.240 亿 t,滩地淤积量为 0.002亿 t。

从表 6-7 可以看出,拦沙期下游河槽平滩流量得到有效增大。1960 年 7 月至 1965 年 6 月,三门峡水库拦沙期,花园口、夹河滩、高村三站主槽平滩流量值均提高了约 40%,孙口主槽平滩流量增大了 22%,利津主槽平滩流量增大了 7%。1999 年 7 月至 2005 年 6 月,小浪底水库拦沙期花园口主槽平滩流量增大了 46%,夹河滩主槽平滩流量增大了 29%,高村主槽平滩流量提高了 48%,孙口主槽平滩流量增大了 23%,利津主槽平滩流量增大了 19%。

表 6-7　水库拦沙期黄河下游平滩流量增加幅度

时段（年-月）	项目	花园口	夹河滩	高村	孙口	利津
1960-07 ~ 1965-06	平滩流量增加值（m³/s）	2 400	2 400	3 000	1 500	500
	增大百分比（%）	41	39	46	22	7
1999-07 ~ 2005-06	平滩流量增加值（m³/s）	1 600	1 000	1 300	600	600
	增大百分比（%）	46	29	48	23	19

综上所述，黄河干流水库合理拦沙是减小下游淤积、改善河道条件的客观需求。由于黄河水少沙多的特点，水库拦沙量过大，则水库库容损失过快，但水库拦沙量过小就达不到减小下游河道淤积的目的，因此确定水库合理排沙比对于维持水库拦沙库容的使用寿命和维护河道的长期稳定尤为重要。

6.4.2 龙刘水库调蓄径流过程对宁蒙河道的不利影响

1986年以后宁蒙河道近期淤积严重，河槽淤积萎缩、河道排洪能力降低，出现防洪形势紧张等局面，其主要原因是受龙刘水库运用的影响。

（1）汛期水沙搭配条件朝不利方向变化。

龙刘水库联合运用以来，汛期蓄水削减洪峰，非汛期加大流量，年内流量过程发生较大变化，汛期非汛期间进出库的水量比重改变，汛期水量占年水量的比例减小，在刘家峡水库投入运用前，汛期进库、出库水量都占年水量的60%左右，非汛期水量约占40%；1969～1986年刘家峡水库单独运用时期，汛期出库水量占年水量的比例由60%降到51%；龙羊峡水库投入运用后汛期出库水量进一步减少，占年水量的比例在38%左右，但汛期出库沙量占年沙量的比例仍达70%左右，这一水沙变化特点对下游河道的冲淤演变是不利的。刘家峡水库进出库水文站不同时段水量变化见表6-8。

表6-8　刘家峡水库进出库水文站不同时段水量变化

站名	时段（年）	水量（亿 m³）			汛期占年水量（%）	沙量（亿 t）			汛期占年沙量（%）
		非汛期	汛期	全年		非汛期	汛期	全年	
循化+红旗+折桥（进口）	1957～1968	119.8	188.0	307.7	61.1	0.15	0.64	0.79	81.01
	1969～1986	114.7	173.5	288.2	60.2	0.156	0.570	0.726	78.51
	1987～2004	128.4	89.3	217.7	41.0	0.093	0.267	0.360	74.17
小川（出口）	1957～1968	116.2	187.0	303.2	61.7	0.139	0.698	0.837	83.39
	1969～1986	141.4	145.7	287.1	50.7	0.062	0.094	0.157	59.87
	1987～2004	133.9	81.9	215.8	38.0	0.057	0.124	0.181	68.51

表6-9统计了不同时段汛期进入宁蒙河段水沙特征值，1968年以前水沙过程受水利工程影响较小，下河沿到石嘴山汛期平均含沙量略有减小，水沙搭配参数（含沙量与流量的比值）基本稳定；巴彦高勒到头道拐含沙量也略有减小，水沙搭配参数变化不大；这一时段宁蒙河段表现为微淤。1969～1986年，刘家峡、青铜峡水库拦截部分泥沙，进入宁蒙河段的含沙量减小，由于冲积性河流自动调整作用，巴彦高勒以下含沙量沿程增大，水沙搭配参数也沿程增大，到头道拐站水沙搭配参数与1950～1968年接近。1987～2004年，龙刘水库联合运用，对清水来流过程的调节幅度增大，年内水量进行再分配，大流量过程和汛期水量减少，宁蒙河段的水沙搭配参数增大：下河沿和石嘴山断面为0.006 0 kg·s/m⁶和0.006 5 kg·s/m⁶，约为1950～1968年的1.5倍，为1969～1986年的2倍以上；巴彦高勒断面达0.013 7 kg·s/m⁶，分别为1950～1968年和1969～1986年的2.6倍和3.2倍。

水沙过程的变化必将引起河流的重新调整,巴彦高勒至头道拐河段在自动调整过程中,泥沙落淤,含沙量减小,水沙关系逐步适应,到头道拐断面减小为 0.007 4 kg·s/m^6,但仍大于前期的平均值。

表 6-9　宁蒙河段汛期水沙搭配参数

项目	时段(年)	下河沿	石嘴山	巴彦高勒	三湖河口	头道拐
含沙量 (kg/m^3)	1950～1968	8.80	8.23	8.98	9.39	8.63
	1969～1986	5.30	4.40	5.06	5.59	6.68
	1987～2004	5.70	5.72	7.01	4.64	4.06
平均流量 (m^3/s)	1950～1968	1 965	1 882	1 696	1 587	1 527
	1969～1986	1 615	1 527	1 172	1 232	1 212
	1987～2004	956	876	510	565	548
S/Q (kg·s/m^6)	1950～1968	0.004 5	0.004 4	0.005 3	0.005 9	0.005 7
	1969～1986	0.003 3	0.002 9	0.004 3	0.004 5	0.005 5
	1987～2004	0.006 0	0.006 5	0.013 7	0.008 2	0.007 4

可见,1987 年之后,汛期水量大幅度减小以及水沙搭配参数 S/Q 明显增大,不利于宁蒙河段泥沙输送。

(2)洪峰流量明显削减、汛期中枯水历时加长。

龙羊峡、刘家峡水库在汛期蓄水,主要拦蓄了汛期洪水,使得进入下游的洪峰流量减小、流量过程调平。刘家峡水库运用期间平均削减洪峰 20%,主要削减流量为 1 500 ～ 2 500 m^3/s 的洪峰。龙羊峡水库运用后削峰作用明显增大,1 000 m^3/s 以上的洪峰都得到削减。在表 6-10 统计的 34 场洪峰中有 13 场削峰率在 70% 以上,9 场削峰率在 50% ～ 70%,11 场削峰率在 30% ～50%,只有 1 场低于 30%,平均削峰率为 58.8%。

进库洪水过程在出库时削减为中小水流量过程,使得汛期大流量历时显著减少,小流量历时增加,流量过程调平。点绘汛期小于某流量级的历时(见图 6-4 ～图 6-7),可以看出随着刘家峡和龙羊峡水库相继投入运用,水库汛期大量削峰蓄水,使得其下游的兰州、安宁渡、巴彦高勒和头道拐,汛期大流量级减少,小流量级明显增加。如兰州天然情况下,汛期小于 2 000 ^{3}/s 流量级仅 69 天,刘家峡单库运用期间增加到 92 天,龙羊峡和刘家峡联合运用期间增加到 114 天,该流量级占汛期历时的比例由天然情况下的 56% 提高到两库运用期间的 97%。特别是头道拐汛期小于 1 000 m^3/s 流量级由天然情况的 38 天,增加到两库运用期间的 108 天,该流量级占汛期历时的比例增加幅度达 56%;而大于 2 000 m^3/s 流量级历时由天然情况的 32 天,降低到目前的 2 天,该流量级占汛期历时的比例减少幅度达 24%。

统计不同时期汛期各流量级的水量情况(见表 6-11),可以看出兰州到头道拐沿程水量变化趋势基本一致。小于 1 000 m^3/s 流量级的水量占汛期水量的比例由天然情况的 3% ～14%,增加到目前的 45% ～67%;而大于 3 000 m^3/s 流量级的水量占汛期水量的比例由天然情况的 12% ～20%,下降到目前的 2% 左右。天然情况下的汛期水量主要集中

表 6-10　龙羊峡水库洪水削峰率统计

时间 （年-月-日）	进出库洪峰流量 （m³/s）		削峰率 （%）	时间 （年-月-日）	进出库洪峰流量 （m³/s）		削峰率 （%）
	唐乃亥	贵德			唐乃亥	贵德	
1987-06-25	2 150	616	71.3	1993-07-20	1 870	670	64.2
1987-07-22	2 060	890	56.8	1993-08-19	2 070	783	62.2
1987-08-12	1 360	928	31.8	1994-06-23	1 770	528	70.2
1988-06-12	1 400	522	62.7	1994-07-07	1 520	657	56.8
1988-07-12	1 100	873	20.6	1995-08-16	1 260	356	71.7
1988-09-18	1 090	689	36.8	1995-09-22	1 260	792	37.1
1988-10-10	1 480	643	56.6	1996-08-03	1 060	567	46.5
1989-06-13	4 140	771	81.4	1996-08-04	1 060	586	44.7
1989-07-13	2 560	695	72.9	1997-07-08	1 530	439	71.3
1990-08-05	1 100	679	38.3	1998-07-16	1 830	377	79.4
1990-09-16	1 430	746	47.8	1998-09-01	1 570	319	79.7
1991-07-31	1 190	809	32.0	1999-07-19	2 620	652	75.1
1991-08-14	1 560	877	43.8	1999-08-10	1 560	241	84.6
1992-07-07	2 710	719	73.5	1999-10-18	1 480	604	59.2
1992-09-23	1 710	260	84.8	2000-07-08	1 110	616	44.5
1993-06-26	1 680	797	52.6	2001-10-03	1 300	267	79.5
1993-06-20	1 370	694	49.3	2002-07-17	1 210	502	58.5

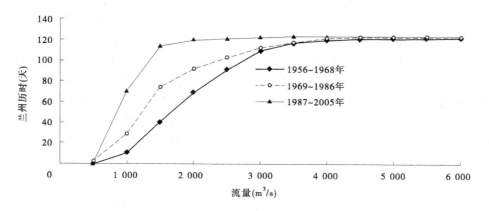

图 6-4　汛期小于某流量级的历时（一）

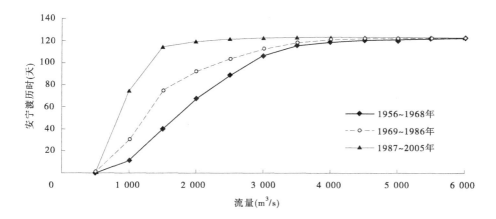

图 6-5　汛期小于某流量级的历时(二)

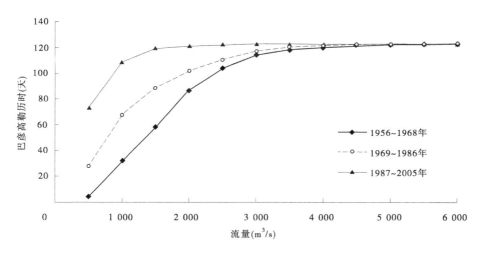

图 6-6　汛期小于某流量级的历时(三)

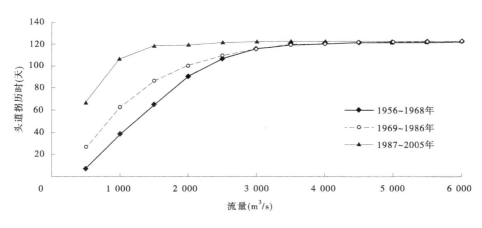

图 6-7　汛期小于某流量级的历时(四)

在 1 000 ~ 3 000 m³/s 流量级,目前汛期水量主要集中在 1 000 m³/s 流量级以下,该变化的结果使得宁蒙河段"小水带大沙"的现象更为严重。从汛期不同时期各级流量下的输沙量关系(见图 6-8 ~ 图 6-11)可以看出:由于龙刘水库调节,出库水沙搭配发生变化,水库下游河段输沙量最大时对应流量明显减小。如兰州和安宁渡刘家峡运用前输沙量最大时的流量为 2 750 m³/s,刘家峡和龙羊峡运用后减小到 1 250 m³/s,减小幅度 55%;巴彦高勒和头道拐刘家峡运用前输沙量最大时的流量为 1 750 m³/s,刘家峡和龙羊峡运用后减小到 750 m³/s,减小幅度 57%。

表 6-11　不同时期各流量级水量情况

水文站	时段 (年)	不同流量级(m³/s)水量(亿 m³)				不同流量级(m³/s) 水量占汛期水量比例(%)			
		< 1 000	1 000 ~ 2 000	2 000 ~ 3 000	> 3 000	< 1 000	1 000 ~ 2 000	2 000 ~ 3 000	> 3 000
兰州	1956 ~ 1968	7.34	75.83	85.49	41.96	3	36	41	20
	1969 ~ 1986	20.19	74.12	43.31	32.74	12	44	25	19
	1987 ~ 2005	49.28	51.81	5.54	1.71	45	48	5	2
安宁渡	1956 ~ 1968	7.79	73.18	82.88	51.04	4	34	38	24
	1969 ~ 1986	21.52	72.51	42.78	31.83	13	43	25	19
	1987 ~ 2005	51.31	47.67	6.50	0.99	48	45	6	1
巴彦 高勒	1956 ~ 1968	19.88	72.17	58.32	26.65	11	41	33	15
	1969 ~ 1986	32.29	42.15	31.84	18.22	26	34	25	15
	1987 ~ 2005	37.63	12.55	4.28	0	69	23	8	0
头道拐	1956 ~ 1968	22.74	66.79	54.83	19.18	14	41	33	12
	1969 ~ 1986	29.79	46.39	30.89	21.70	23	36	24	17
	1987 ~ 2005	38.96	14.07	4.91	0.14	67.1	24.2	8.5	0.2

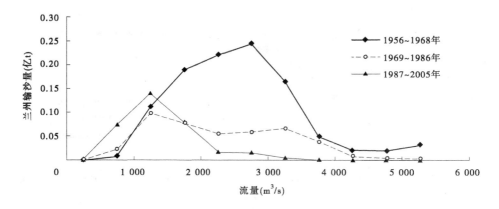

图 6-8　龙羊峡和刘家峡运用前后各级流量下输沙量关系(一)

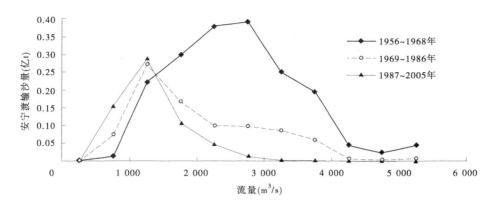

图 6-9　龙羊峡和刘家峡运用前后各级流量下输沙量关系（二）

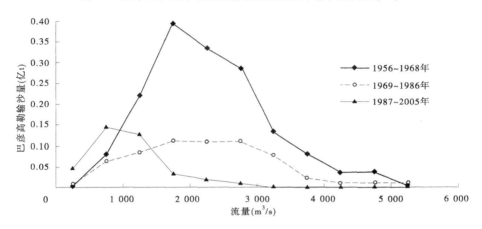

图 6-10　龙羊峡和刘家峡运用前后各级流量下输沙量关系（三）

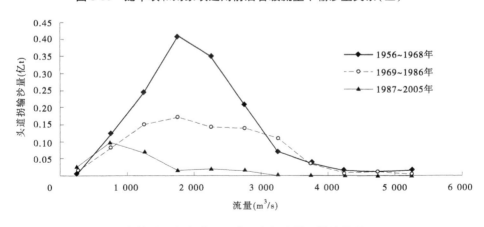

图 6-11　龙羊峡和刘家峡运用前后各级流量下输沙量关系（四）

汛期干流洪峰削减、中枯水历时加长，使得干流小流量过程与内蒙古河段支流高含沙洪水过程遭遇的概率大大增加，干支流汇合口局部河道淤堵更加严重。内蒙古河段支流十大孔兑汛期常发生高含沙洪水，当支流高含沙洪水进入黄河干流时，如遭遇干流小流量过程,干流水流稀释支流高含沙洪水的能力减弱,增大了形成沙坝淤堵黄河的可能性,如:1988 年 7 月 5 日,西柳沟出现流量 1 600 m³/s 的高含沙洪水,黄河流量只有 100 m³/s,西柳沟洪水淤堵黄河,在包钢取水口附近形成沙坝,取水口全部堵塞。7 月 12 日,西柳沟再次出现流量 2 000 m³/s 的高含沙洪水,黄河流量 400 m³/s 左右,西柳沟洪水在入黄河处形成长 10 余千米沙坝,河床抬高 6 ~ 7 m,包钢取水口又一次严重堵塞,正常取水中断。

1989 年 7 月 21 日,西柳沟发生 6 940 m³/s 洪水,径流量 0.735 亿 m³,沙量 0.474 亿 t,实测最大含沙量 1 240 kg/m³,黄河流量在 1 000 m³/s 左右,在入黄口处形成长 600 多米、宽约 7 km、高 5 m 多的沙坝,堆积泥沙约 3 000 万 t,使河口上游 1.5 km 处的昭君坟站同流量水位猛涨 2.18 m,超过 1981 年 5 450 m³/s 洪水位 0.52 m,造成包钢 3 号取水口 1 000 m 长管道淤死,4 座辐射沉淀池管道全部淤塞,严重影响向包头市和包钢供水。8 月 15 日,主槽全部冲开,水位恢复正常。这次洪水黄河上游来水较丰,入库流量为 2 300 m³/s,出库流量只有 700 m³/s,加重了河道淤堵。

1989 年,三湖河口至头道拐河段,由于支流来沙较多,加之汛期龙羊峡水库削减洪峰,龙羊峡水库进库站(唐乃亥站)入库洪峰流量为 4 840 m³/s,而出库站(贵德站)流量仅为 770 m³/s,削峰比高达 84.1%,使得三湖河口至头道拐河段汛期淤积量达到历年最大值,淤积量为 1.16 亿 t。

综上所述,近期改变来水来沙条件最大的影响是水库的调度,水库调节使得汛期水量占年水量的比例减少、来沙系数 S/Q 明显增大、洪峰流量明显削减、汛期中枯水历时加长,其结果一方面导致干流水流输沙能力降低,干流河道淤积加重;另一方面,干流小流量过程与内蒙古河段支流高含沙洪水过程遭遇的概率大大增加,干支流汇合口局部河道淤堵更加严重。

6.5　治沙用沙须放在流域社会经济发展的大环境下进行

黄河之患在于泥沙,其根本原因源于黄土高原植被破坏造成的水土流失。黄土高原植被破坏是一个逐渐加剧的过程,该过程与流域人口的增长以及社会的发展是密切相关的。

大约在西周时期,黄土高原地区还保持着良好的自然生态系统,在公元 6 世纪初,郦道元的《水经注》所记载的毛乌素沙地以及榆林地区的自然景观还相当好。直到西汉,除甘肃马莲河等个别地区受到不同程度的破坏外,总的生态环境仍然较好。东汉以后,历经了魏晋南北朝长期混乱直至隋代近 500 年中,人口减少,植被有所恢复,水土流失减轻。隋代黄河流域人口有所增加,庆阳、平凉的人口密度已达到 30 ~ 40 人/km²,导致河道泥沙增多,并给渭河航运带来负担。

到了唐代(618 ~ 907 年),虽然不少地区生态环境已经受到不同程度的影响,但总的情况仍然是好的或比较好的,泾河、渭河流域还保持了大片牧草未被开垦,这些地方的草原植被基本上保持了天然状态,许多山坡上的植被也未受到毁坏,黄土高原大部分州府向皇帝进贡麝香、熊皮,表明这些地区还保持着较好的自然生态系统。

北宋(960 ~ 1127 年)和金代,黄土高原的农业有所发展,土地利用面积有所增加。北宋时期在黄土高原的北部和西部开始了坡地开垦利用,给土地利用开创了新的方向。同时,黄土高原及其西部地区筑起了众多堡寨,屯兵戍边,砍伐和樵采山地的灌乔木,在吕梁山区和渭河流域砍伐木材以供都城开封的建筑之需,山地森林遭到了严重破坏。北宋后期麝香、熊皮大量减少,生态环境已经逐步恶化。

金元时期开垦伐木进一步加剧,金代开封大兴土木,大批河东吕梁和河西径洛的木材浮河而下。元代建筑城(北京)对卢芽山的森林造成大量破坏,山西北部砍伐的大量木料和薪炭,沿永定河流放而下。

至明清时期,人类活动对黄土高原天然植被的破坏,大大超过以往历史时期。明代沿黄土高原的北部和西部修补长城,驻守大量士兵,移民垦殖。这一时期,晋西北和陕北地区,土地开垦率很高。山西的宁武偏关等所谓"三关"地区的丘陵山区尽成农田。古书介绍晋北明代前后的情况时写道:"雁门东西十八隘口崇岗峻岭,回盘曲折,林木丛密,虎豹穴藏,人鲜逐行,骑不能入。""自成化年来,在京风俗奢侈,官民之家争起第宅,木值价贵,所以大同宣武归利之徒、官员之家,争贩伐木。"短短几十年,这里的森林已经被砍伐殆尽了。

清代黄土高原地区的人口有很大增加,对植被的破坏又进一步加剧,一方面,大量人口向北方迁移、原有草原植被遭到破坏;另一方面,有一部分人口向黄土高原的山地转移,人口的增加和生产的发展,使黄土高原的生态环境全面恶化。

从上述历史可以看出,黄河流域水土流失治理与泥沙利用必须与流域人民生存和发展问题统筹考虑,只有在合理安排了流域人民生存和发展的前提下,黄河流域的水土流失问题以及泥沙处理问题才能得到根本解决。概括起来主要有三方面问题需深入研究。

6.5.1 黄土高原地区土地结构优化

黄土高原地区地处我国的中西部,以农业经济为主,受地理条件的限制,该地区土地利用中坡耕地占的比重很大,由于坡面耕种不利于作物涵养水分,且遇暴雨就发生严重的水土流失,因此黄土高原地区水土保持的核心问题是优化地区土地利用结构。分析认为黄土高原地区土地结构调整的基本思路为:研究该地区人口情况,确定粮食需求、水土保持减沙对地区土地面积配置比例(主要包括梯田、林地、草地、坝地)的需求,估计可能粮食产量,对地区粮食缺口量国家给予一定的补偿。

黄土高原地区淤地坝淤积物来源于坡面上的表土、腐殖质、枯枝落叶等,从而使得坝地地平、墒好、肥多、土松,易于耕作,而且抗干旱能力强,因此坝地的质量远优于坡耕地和梯田,增产作用十分显著。坝地平均粮食产量是坡耕地的 6 ~ 10 倍,是梯田的 2 ~ 3 倍。因此,黄土高原地区通过增加坝地面积,使高产稳产的土地资源面积增加,把大面积的荒山荒沟都退下来,集中栽树种草,促进陡坡地退耕,是实现区域土地结构优化利用的重要途径。鉴于当前黄土高原地区淤地坝建设主要考虑其减沙效益,其投资主要渠道也来源于水土保持资金,因此淤地坝建设的规划还应该重点研究淤地坝面积的配置比例与减沙比关系。

水土保持措施面积比是指某一单项水土保持措施保存面积占四大水土保持措施(梯田、林地、草地、坝地)总体保存面积的百分比;水土保持措施减沙比是指某一单项水土保持措施减沙量占四大水土保持措施减沙总量的百分比。河龙区间水土保持措施面积比及减沙比计算成果见表6-12;不同年代水土保持措施面积比及减沙比柱状图分别见图6-12、图6-13。

表6-12　河龙区间水土保持措施面积比及减沙比计算成果

时段	比例(%)	梯田	林地	草地	坝地
1969 年以前	面积比	20.3	67.2	10.1	2.4
	减沙比	9.0	15.8	3.0	72.2
1970～1979	面积比	19.6	69.2	8.1	3.1
	减沙比	6.4	12.2	1.4	80.0
1980～1989	面积比	14.9	74.4	8.2	2.5
	减沙比	7.7	26.8	2.2	63.3
1990～1996	面积比	14.0	76.3	7.6	2.1
	减沙比	10.0	38.8	3.6	47.6

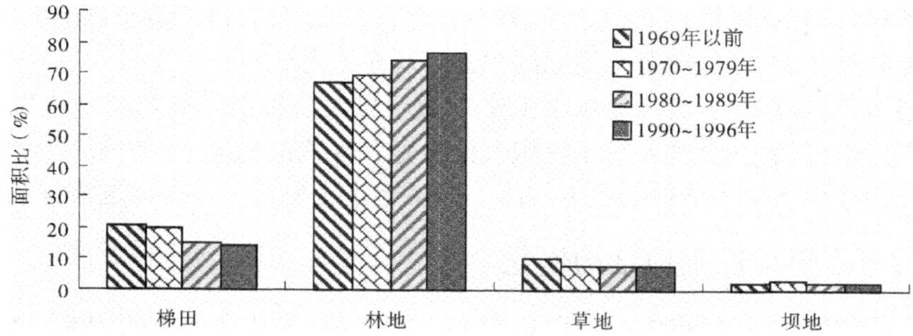

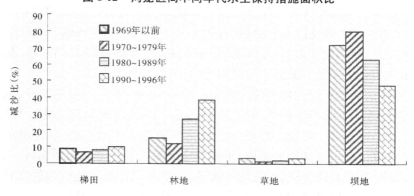

图 6-12　河龙区间不同年代水土保持措施面积比

图 6-13　河龙区间不同年代水土保持措施减沙比

由此可以看出,自20世纪70年代开始,河龙区间水土保持措施的面积比从大到小依次是林地、梯田、草地及坝地;减沙比从大到小依次是坝地、林地、梯田和草地。其中,梯田和坝地的面积比依时序下降,林地的面积比依时序逐步上升,草地的面积比依时序波动下降。其原因与河龙区间水保治理长期投入不足、忽视基本农田建设、片面造林有关。

表6-12的计算成果表明，只要河龙区间坝地的面积比保持在2%左右，其减沙比即可保持在45%以上。因此，为有效、快速地减少入黄泥沙，河龙区间水土保持措施应采用以淤地坝为主的工程措施与坡面措施相结合的综合配置模式；淤地坝的面积比应保持在2%以上。

通过上述分析可知，通过区域土地结构优化，结合国家政策补偿，是实现黄土高原地区粮食增产、人民生活条件改善，同时减少入黄泥沙量的重要途径。

6.5.2　放淤与土地改良

黄河中下游滩区面积广阔，其中小北干流滩区总面积约710 km²，下游滩区总面积约3 550 km²，滩区广阔的土地一直是许多治黄研究者理想的泥沙堆积场所。李保如等研究了黄河中下游五大滩区放淤潜力（见表6-13）。从表6-13可以看出，滩区共可处理泥沙量约为250.11亿t，潜力巨大，同时考虑滩区放淤应结合黄河下游河道减淤，滩区放淤的水沙条件一般选在（三黑小）来沙系数S/Q大于0.03，流量在2 000~6 000 m³/s时进行，滩区放淤可以使黄河下游减淤105.48亿t。

表6-13　黄河中下游五大滩区放淤潜力分析

河段	小北干流	温孟滩	原阳－封丘	东明	台前
淤区容沙潜力（亿m³）	80	57.4	27.75	6.66	7.82
淤区面积（km²）	530	338	532	644	410
平均淤积厚度（m）	15	17	5	1	2
年平均放淤量（亿m³）	2.11	1.59	0.52	0.66	0.60
放淤年限（年）	38	36	53	10	13

注：数据引自《黄河的研究与实践》，李保如，1986.

究其原因主要是滩区放淤不仅涉及水沙条件、工程技术条件，还牵涉社会、经济、环境等各个方面，制约因素较多，实施难度较大。从表6-13中还可以看出，滩区巨大的放淤潜力主要建立在较大的放淤厚度基础上，如小北干流滩区平均放淤厚度15 m，温孟滩平均放淤厚度17 m，在滩区堆积如此厚的泥沙，其工程量及社会、环境影响是非常大的。此外，从放淤年限上看，主要受水沙条件的约束，滩区放淤时间都比较长，如小北干流达到淤积目标需要38年，温孟滩达到淤积目标需要36年，工程运作时间太长，其间放淤区维护以及可能引起的沙化环境问题不容忽视。

鉴于滩区放淤厚度过高以及放淤时限太长的问题，滩区放淤工程的实施是否可以考虑结合土地资源利用，将放淤与改善周边地区居民的生产、生活条件紧密结合起来，分阶段、分河段逐步实施完成。例如，针对小北干流滩区进行放淤，其放淤厚度以达到改良土地、同时处理一定数量的泥沙为指导，力争5年左右达到放淤目标，然后土地可以开发利用一定时期，在该时期内转而开发其他河段；以此轮流滚动开发，既可以避免一次性过厚淤积工程量大的难题，也可避免工程运作时间过长导致工程维护问题、环境影响问题以及土地资源长期不能利用等问题。

对应黄河三角洲地区的土地资源利用,目前该地区尚未开发的土地资源达17万 hm²以上,具有很大的开发潜力。由于黄河口三角洲的土地为新生陆地,地面高程低,地下水埋深较浅,土壤类型主要是潮土和盐土,加之降雨量小且时空分布不均、蒸发量大等原因,绝大多数土地呈高盐碱化。特别是1855年以来形成的陆地,土地盐碱化更为严重,尚未开发利用的土地大部分处于该区域。虽然这里有一些耐盐碱植物,但主要是一些草类和灌木类植物,而且长势较差,一到干旱季节,大片的土地显得十分荒凉,缺少生机。土地的盐碱化是该地区生态环境十分脆弱的主要原因之一,也是制约土地开发利用的主要因素之一。如果将地下水的埋深控制在3 m以上,就可以有效控制地下水蒸发、上升将盐碱带向地面,达到改造盐碱、使土地质量得到提升的目的,分析认为通过有计划地实施河口地区放淤改土、提高地面高程是实现上述目标的有效途径。

6.5.3 黄河泥沙利用市场开发

利用黄河泥沙制作建筑免烧砖、混凝土预制构件等具有一定的潜力,虽然技术上可行,但目前规模还不大,泥沙需求量有限,主要原因是获利空间不大。当前只有通过政策引导,同时在市场形成初期采取一定补贴措施,调动社会各界参与黄河泥沙资源化利用的积极性,才能有效促进黄河泥沙利用规模的扩大和质量的提高。

6.6 引水引沙对干流泥沙配置的影响

6.6.1 上游引水用水对下游河道冲淤的影响

已有研究成果表明,黄河下游河道汛期淤积量随来沙量增加而增加、随来水量增加而减少,代表性的量化关系表达式为

$$W = 22W_s - 42.3Y_s + 86.8 \tag{6-1}$$

式中 W——汛期水量,亿 m³;

W_s——汛期来沙量,亿 t;

Y_s——下游河道在该来沙情况下的淤积量,亿 t。

在汛期进入下游的沙量 W_s 不变的情况下,式(6-1)微分可得:

$$\frac{\mathrm{d}W}{\mathrm{d}Y_s} = -42.3 \tag{6-2}$$

式(6-2)说明,在进入黄河下游河道的泥沙量保持不变的条件下,进入黄河下游的水量减少42.3亿 m³ 将导致黄河下游河道多淤积1亿 t泥沙。

6.6.2 下游引水引沙对下游河道冲淤的影响

黄河下游引水对河道输沙能力产生一定负面影响,张德茹、梁志勇等系统总结了牛文臣、赵业安、钱意颖、张启卫等的研究成果,总结出引黄灌溉对黄河下游产生的增淤量占来沙量的比例是0.5%~4%(见表6-14)。

表 6-14　引黄对下游河道增淤研究情况统计

研究者	数学模型 （或输沙能力关系式）	研究时期 （年）	增淤量 （亿 t）	增淤量占来沙量 百分数（％）
牛文臣等	$Q_{sd} = KQ^\alpha S^\beta$	1974 ～ 1983	0.096	1
赵业安等	河道冲淤计算数学模型	1980 ～ 1989	0.05	0.5
钱意颖等	$Q_{sd} = KQ^\alpha$	1980 ～ 1984	0.38	4
张启卫	水动力学泥沙数学模型	1974 ～ 1992	0.2	2

6.6.3　1950 年以来黄河干流引水引沙变化

　　表 6-15 给出了 1950 年 7 月以来各时段引水引沙量变化及其占进入黄河干流总量的百分比变化。从表 6-15 可以看出，黄河干流引沙量逐时段增加明显，到 1999 年 7 月至 2005 年 6 月时段引沙量占进入黄河干流总沙量的百分比达 21％，引沙量大幅度增加的原因是引水量的大规模增加，特别是 1986 年以后，在进入黄河干流水量不断减小的条件下，引水量的增加导致引水量占进入黄河干流总水量的比例分别高达 58％（1986 年 7 月至 1999 年 6 月）和 63％（1999 年 7 月至 2005 年 6 月），可见上述两个时段从泥沙配置角度讲是不合理的。

表 6-15　不同时期黄河干流年均水沙量变化及引水引沙量变化

时段 （年-月）	水量 （亿 m³）	沙量 （亿 t）	引水量 （亿 m³）	引沙量 （亿 t）	引水百分比 （％）	引沙百分比 （％）
1950-07 ～ 1960-06	563	20.07	110	1.56	20	8
1960-07 ～ 1965-06	710	16.93	139	1.11	20	7
1965-07 ～ 1973-06	550	17.87	164	1.37	30	8
1973-07 ～ 1986-06	556	12.76	219	1.97	39	15
1986-07 ～ 1999-06	396	10.60	230	1.84	58	17
1999-07 ～ 2005-06	311	4.42	197	0.95	63	21

6.7　泥沙配置需因地制宜

　　从黄河干流 1950 年以来不同时期各河段配置现状可以看出，受水沙条件、地理环境以及人类活动的影响，黄河干流不同河段泥沙配置特点差异明显，因此黄河泥沙配置需因地制宜，不同河段泥沙的配置一方面要考虑有利于减轻本河段淤积严重的矛盾，另一方面要有利于减小对下游河段的不利影响。

6.7.1　黄河上游泥沙配置探讨

　　黄河上游河段不同时期泥沙配置的主要方式有水库拦沙、引沙、河道冲淤以及输出河段四个大的方向。

黄河上游引沙量主要取决于引水量的大小和引水含沙量的大小,从引沙量的现状看,20世纪70年代以来,黄河上游引水量和引沙量相差不大,表现出相对稳定的特征。

黄河上游已建水库中目前具有拦沙能力的水库有龙羊峡水库和刘家峡水库(见表6-2),根据黄河上游水沙分布特点可知,龙羊峡水库以上来沙量仅占黄河上游来沙总量的10%左右,龙羊峡水库拦沙对黄河上游泥沙分布的影响不大。规划中的大柳树水库坝址处多年平均输沙量1.6亿t左右,拦沙库容60.17亿 m³,对黄河上游河段泥沙具有较强的调控作用。

黄河上游宁蒙河段是典型的冲积性河道,1986年以来发生了累积性淤积,河道主槽严重萎缩,大大增加了该河段的凌汛和洪水的风险,研究该河段冲淤规律并探索减少淤积的措施是当前主要的任务。

依据不同河段冲淤量分析可知,宁蒙河段泥沙淤积造成河道萎缩主要发生在巴彦高勒—头道拐河段。黄河上游来沙主要集中在汛期,内蒙古河道冲淤调整也主要发生在汛期,为分析汛期不同来水来沙条件下河道的冲淤规律,建立了不同河段冲淤量与来沙系数的关系(见图6-14~图6-17)。

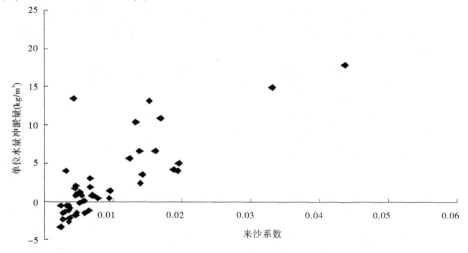

图6-14 巴彦高勒—头道拐冲淤量与上站来沙系数的关系

从图6-14可以看出,巴彦高勒—头道拐河段冲淤量与上站来沙系数有一定相关性,河段淤积量随上站来沙系数的增大而增大,但是点群比较分散,说明影响该河段冲淤变化的重要因素不仅仅是上游来水来沙。进一步把内蒙古河段划分为巴彦高勒—三湖河口、三湖河口—头道拐两个河段,分别建立河段冲淤量与来沙系数的关系,从图6-15可以看出,巴彦高勒—三湖河口冲淤量与上站来沙系数具有良好的相关性,在上站来沙系数为0.004左右,该河段冲淤基本平衡;从图6-16可以看出,三湖河口—头道拐冲淤量与上站来沙系数相关性很差,为分析影响该河段冲淤变化的关键因素,在此基础上又建立了河段冲淤量与支流来沙条件的关系,图6-17表明,该河段冲淤量与支流来沙量的关系较好,相关系数达到0.9以上,由此认为该河段汛期冲淤演变的决定因素在于支流来沙条件。

上述不同河段冲淤影响因素研究表明,汛期巴彦高勒—三湖河口河段在巴彦高勒站

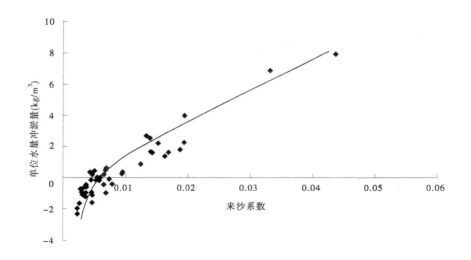

图 6-15　巴彦高勒—三湖河口冲淤量与上站来沙系数的关系

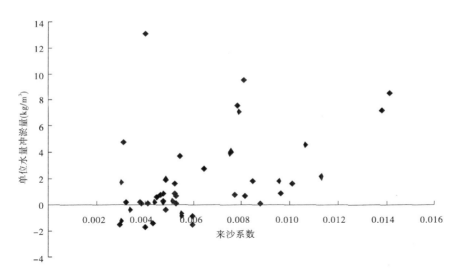

图 6-16　三湖河口—头道拐冲淤量与上站来沙系数的关系

来沙系数为 0.004 左右时可以基本维持冲淤平衡,而三湖河口—头道拐河段冲淤主要受十大孔兑来沙影响,为实现该河段的冲淤平衡,支流入黄沙量不宜超过 0.2 亿 t。

从巴彦高勒历年汛期来沙系数变化(见图 6-18)可知,1986 年以前该站汛期来沙系数基本上在 0.004 附近波动,1986 年以后则大幅度增加,水沙条件严重恶化。改善这一状况的基本途径是汛期增水和减少进入该河段的泥沙量,其中汛期增水的措施主要依靠南水北调西线工程实现;根据黄河上游泥沙主要来源于兰州以下支流的特点,减沙措施主要是针对几条来沙量大的支流如祖厉河、清水河及苦水河等进行水土保持治理减沙。此外,如果规划中大柳树水库开始发挥拦沙作用,也可大大改善进入内蒙古河道的水沙条件。

为减轻支流十大孔兑泥沙对黄河干流的不利影响,需采取下述三方面的综合措施:

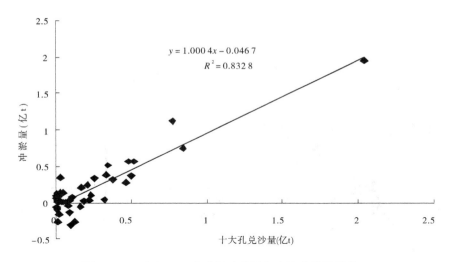

图 6-17　三湖河口—头道拐冲淤量与支流来沙量的关系

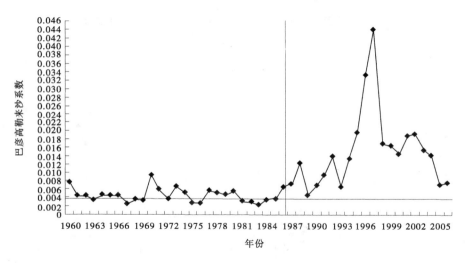

图 6-18　巴彦高勒历年汛期来沙系数变化

　　一是水土保持减沙,加强哈什拉、西柳沟、黑赖沟、毛不拉、罕台川等孔兑水土保持工程的建设,增加植被覆盖面积;

　　二是多途径用沙,因地制宜利用洪水期来沙淤填洼地、改造沙漠、开辟良田等,同时结合宁蒙河段防洪大堤建设用沙,也可以有效处理一部分泥沙;

　　三是处理沙坝,对孔兑洪水期形成沙坝淤堵河段采用机械挖沙的临时疏导措施,减少沙坝对干流河道的不利影响。

6.7.2　河龙区间泥沙配置探讨

　　河龙区间是黄河流域主要产沙区,其产沙量约占干流总沙量的 60%。此外,进入黄河下游的粗泥沙几乎都来源于该区间,根据黄河干流泥沙配置现状分析可知,该河段干流基本上没有引水引沙量,河道冲淤幅度也较小,河段泥沙配置的主要方式为水库拦沙,截至目前主要是万家寨水库拦蓄了部分泥沙。由于该河段河道冲淤幅度小,且河段无防洪任务,该河段泥沙配置主要是考虑有利于减小对下游河段的不利影响。

黄河下游淤积物组成分析表明,黄河下游淤积物中50%左右是粒径大于0.05 mm的粗颗粒泥沙,主槽淤积物中粒径大于0.05 mm的粗颗粒泥沙百分比更是达到80%,因此减小粗颗粒泥沙进入下游河道对于该河道的减淤是至关重要的。

依据河龙区间产沙特点,区间减沙一方面是减小区间支流特别是粗沙来源区支流的来沙量;另一方面,是在干流上修建大型水库拦蓄泥沙,规划中主要有古贤水库和碛口水库。

碛口水库位于黄河北干流中段,坝址多年平均天然年径流量354.2亿 m^3(1919~1998年);实测多年平均输沙量5.41亿 t,占全河沙量的39.5%;其中粗沙($d > 0.05$ mm)占全河粗沙的56.8%。规划碛口水库正常蓄水位时总库容125.7亿 m^3,水库可以拦蓄泥沙144亿 t左右。碛口水库"拦粗泄细"运用,并与已建的骨干水库联合调水调沙,可以显著减少黄河下游河道和禹门口—潼关河段河道的泥沙淤积,并对降低潼关高程有一定的作用。

古贤水库位于黄河北干流下段,坝址多年平均天然径流量为387.9亿 m^3,多年平均输沙量为9.19亿 t。古贤水利枢纽控制了黄河70%的径流量、66%的泥沙和80%的粗泥沙。规划古贤水库正常蓄水位时总库容为165.57亿 m^3,水库可以拦蓄泥沙160亿 t左右。按照规划,古贤水库在小浪底水库投入运用后20年左右生效,古贤水库运用前40年,经过小北干流河段冲淤调整和三门峡、小浪底水库调节,可年均减少进入下游河道泥沙3.26亿 t。古贤水库"拦粗泄细"运用,可以显著减少进入水库下游河道的粗沙,并与已建的干流骨干水库联合调水调沙,可以显著改善黄河水沙关系,减少黄河下游河道和禹门口—潼关河段的泥沙淤积,并有效降低潼关高程。

6.7.3 龙潼河段泥沙配置探讨

黄河小北干流河段地处禹门口至潼关之间,上首连接黄河泥沙及粗泥沙的主要来源区——黄河河口镇至龙门区间,下首连接潼关以下三门峡库区,具有承上启下的战略地位。

黄河小北干流河道两岸滩区面积广大且大部分为沙荒盐碱地,人口密度相对较小,具有较大的泥沙处理潜力(见表6-13),这使得该河段在整个黄河泥沙配置系统中占有比较重要的地位。

潼关断面位于黄河小北干流河段的下首,自三门峡水库开始修建后,潼关高程一直是各方关注的焦点,根据林秀芝等的分析:三门峡水库采用蓄清排浑运用以来,小北干流的冲淤变化具有非汛期冲刷、汛期淤积的特性,非汛期冲刷量与龙门非汛期来水量有较好的正相关关系;汛期淤积量与龙门汛期来沙系数相关性较好,即汛期淤积量随龙门汛期来沙系数的增大而增大。通过对1974年以来潼关高程与小北干流各河段累计淤积量的相关分析,潼关高程与小北干流各河段的累计淤积量相关关系比较好,相关系数均超过 0.85,与黄淤 41～45 河段的累计淤积量相关系数达到 0.93,与整个河段的累计淤积量相关系数达到 0.90,可以说潼关高程与小北干流的累计淤积量具有非常好的正相关关系。

综上所述可知,黄河小北干流一方面具有较大的泥沙配置潜力(主要是指滩区),可以作为黄河泥沙处理的重要场所;另一方面,该河段的冲淤与潼关高程变化密切相关,应避免该河段主槽淤积下延影响潼关高程。

此外,由于该河段是典型的游荡型河道,河床质粒径比较粗,在古贤水库运用后该河段将发生冲刷,若河势变动幅度较大,河段冲刷量会比较大,可能会增大下游河段泥沙处理压力。但结合古贤水库调节,可以减少这一不利影响。田勇研究了古贤水库运用后,黄河小北干流河段处于冲刷和冲淤平衡两种方案,分析表明:冲刷小北干流河槽(有利于降低潼关高程)方案相对于维持小北干流河槽冲淤平衡方案,潼关以下河段泥沙配置的压力并没有变化,但是古贤水库库容损失较快,基于这一认识提出了合理确定小北干流河段的冲淤量,对于减缓古贤水库淤积速度、维持黄河干流水沙调控能力是很重要的研究课题。

6.7.4　潼关以下三门峡库区泥沙配置探讨

三门峡水利枢纽是黄河干流上修建的第一座以防洪为主的综合性水库工程,是黄河水沙调控体系的重要组成部分,水库自投入运用以来在防洪防凌、下游减淤、供水、发电等方面发挥了巨大的效益,但水库淤积量也比较大,其中潼关以下三门峡库区从 1960 年 9 月水库开始蓄水运用到 2005 年 6 月淤积量达 38 亿 t,水库已基本丧失泥沙配置能力。

6.7.5　小浪底水库泥沙配置探讨

小浪底水利枢纽是黄河干流规划的七大骨干工程之一,坝址径流量占全河总量的 91.2%,控制几乎 100% 的黄河泥沙,在黄河的治理开发和保证下游地区防洪安全方面起着最重要的作用,也是控制黄河水沙、协调黄河水沙关系的最关键工程。工程规划永久性拦沙库容 72.5 亿 m^3,截至 2005 年 10 月,小浪底库区累计淤积泥沙 18.13 亿 m^3,水库还具有 52.37 亿 m^3 的泥沙拦蓄库容。基于造成黄河下游河道淤积主要是粒径大于 0.025 mm 的中粗颗粒泥沙的认识,如何利用好小浪底水库剩余拦沙库容,实现更大比例地拦蓄中粗沙,减少细沙的拦蓄量,是小浪底水库拦沙后期一项重要的课题。

为探求减少中颗粒泥沙和较粗颗粒泥沙在下游河道中的淤积,同时减少小浪底水库细颗粒泥沙的淤积比例,黄河水利科学研究院李小平等通过研究黄河下游洪水期不同细泥沙含量下的冲淤特点,提出了不同含沙量条件下维持黄河下游河道中粗沙不淤积的细颗粒泥沙比例(见图 6-19、图 6-20),并由此推算了不同来沙条件下满足黄河下游中粗泥沙不淤的小浪底水库调控条件(见表 6-16)。其研究成果表明:进库含沙量越高,维持下游河道中粗沙不淤积所要求的细泥沙含量越高,要求水库排沙比越小。当入库含沙量为 50 kg/m^3 时,排沙比宜按 0.8 控制;入库含沙量为 60～80 kg/m^3 时,排沙比宜按 0.7 控制;入库含沙量为 90～120 kg/m^3 时,排沙比宜按 0.6 控制。

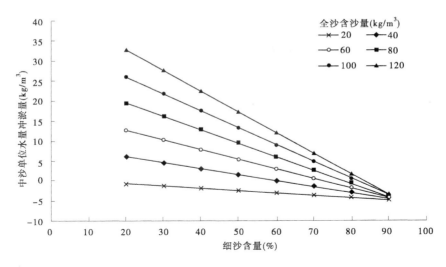

图 6-19 洪水期中颗粒泥沙冲淤效率与平均含沙量和细泥沙含量关系

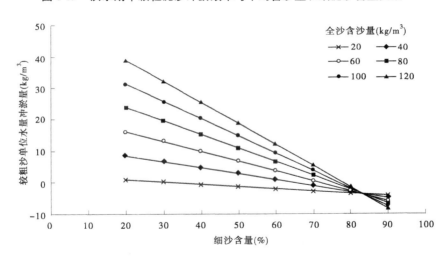

图 6-20 洪水期较粗颗粒泥沙冲淤效率与平均含沙量和细泥沙含量关系

表 6-16 不同含沙量下维持中粗沙不淤积的相关指标

进库 含沙量 （kg/m³）	水库 排沙比	出库 含沙量 （kg/m³）	细泥沙 含量 （%）	$\dfrac{Q_0^2}{VQ_i}$	不同进库流量下库容（亿 m³）			
					2 500 m³/s	3 000 m³/s	4 000 m³/s	5 000 m³/s
50	0.80	40	60	3 736	1.71	1.43	1.07	0.86
60	0.70	42	66	2 760	2.32	1.93	1.45	1.16
70	0.70	49	67	2 760	2.32	1.93	1.45	1.16
80	0.70	56	71	2 760	2.32	1.93	1.45	1.16

进库含沙量（kg/m³）	水库排沙比	出库含沙量（kg/m³）	细泥沙含量（%）	$\dfrac{Q_0^2}{VQ_i}$	不同进库流量下库容（亿 m³）			
					2 500 m³/s	3 000 m³/s	4 000 m³/s	5 000 m³/s
90	0.60	54	70	1 945	3.29	2.74	2.06	1.65
100	0.60	60	73	1 945	3.29	2.74	2.06	1.65
110	0.60	66	75	1 945	3.29	2.74	2.06	1.65
120	0.60	72	76	1 945	3.29	2.74	2.06	1.65

注：Q_0 为出库流量；V 为调蓄库容；Q_i 为入库流量。

6.7.6　黄河下游泥沙配置探讨

从黄河下游河段不同时期泥沙配置现状分析可以看出，从小浪底水库运用以来，黄河下游发生了明显冲刷，主槽平滩流量增大，但是"二级悬河"的不利局面未得到明显改善。因此，黄河下游泥沙配置的重点是如何实现滩槽合理分布，最大限度降低"二级悬河"的潜在威胁。

参 考 文 献

［1］水利部黄河水利委员会.黄河下游二级悬河现状及治理初步设想［R］.2003.

［2］李保如.黄河的研究与实践［M］.北京:水利水电出版社,1986.

［3］申冠卿,姜乃迁,李勇,等.黄河下游河道输沙水量及计算方法研究［J］.水科学进展,2006(3):407-413.

［4］张德茹,梁志勇,等.黄河下游引水引沙与河道冲淤关系研究综述［J］.泥沙研究,1995(6):32-42.

［5］水利部黄河水利委员会.维持黄河健康生命的研究与实践［R］.2007.

［6］林秀芝,杨武学,田勇,等.河道冲淤及河势演变对潼关高程的影响［R］.2004.

［7］田勇.黄河流域泥沙优化配置研究［D］.南京:河海大学,2008.

［8］李小平,王平,侯素珍.黄河下游中粗泥沙不淤条件及对小浪底水库排沙组成的需求［R］.2007.

第7章 典型水沙条件黄河干流泥沙空间优化配置方案探讨

7.1 配置河段划分

由黄河干流泥沙分布现状分析可知,黄河干流泥沙主要来源于河龙区间和龙潼区间,各时期两区间泥沙总量约占干流泥沙总量的90%。

黄河泥沙灾害主要集中在下游。根据赵业安等研究,黄河下游河道床沙组成中,粒径大于0.05 mm的较粗颗粒泥沙和特粗颗粒泥沙占80%左右,粒径在0.025~0.05 mm的中泥沙约占10%,细泥沙极少。可见,造成下游河道严重淤积的重要原因是粗颗粒泥沙的淤积。钱宁、姚文艺、徐建华等通过分析黄河下游河道泥沙的来源指出:中游粗沙来源区来沙是下游河道淤积的重要原因。

综合前人研究成果和黄河干流泥沙分布现状分析,本书确定黄河干流泥沙配置研究的河段主要是河口镇(头道拐水文站)以下地区。

根据第4章黄河流域泥沙优化配置理论中关于流域泥沙配置机制论述,流域泥沙今后很长一段时间内主要是流域管理机构以减小泥沙灾害为目的,同时结合水沙运动规律对流域泥沙进行配置。流域泥沙配置不同于其他一般资源的配置,其中泥沙配置最大的特点是正常情况下,下游河段的泥沙不会向上游配置。因此,配置河段的划分必须考虑配置对象是否在配置能力范围之内。

结合黄河干流水沙调控体系工程布置和泥沙分布特点,黄河干流泥沙配置河段划分为三个:河口镇—潼关(不包括华县、洑头两个支流水文站水沙)河段;潼关(包括华县、洑头两个支流水文站水沙)—利津河段;利津以下河口地区。

河口镇—潼关河段划分考虑以下两方面:一方面,区间规划的水沙调控工程主要有碛口水库和古贤水库。根据规划,古贤水库将于2020年左右建成,碛口水利枢纽将于2050年左右建成。因此,本书研究只考虑古贤水库,规划古贤水库正常蓄水位时总库容为165.57亿 m^3,水库可以拦蓄泥沙160亿 t 左右。该水库位于黄河北干流下段,几乎控制了龙门以上所有来沙。另一方面,由于龙门—潼关区间主要有汾河(河津水文站控制)、渭河(华县水文站控制)、北洛河(洑头水文站控制),渭河、北洛河在黄河干流潼关水文站上游1 km 左右入汇,汾河在黄河干流龙门水文站以下黄淤65 断面附近入汇,但汾河沙量占干流沙量比例不到10%。

综合上述两方面原因,把河口镇—潼关(不包括渭河、北洛河支流入汇沙量)河段作为配置河段是可行的,区间配置单元主要有水库拦沙、滩区放淤(主要是小北干流河段)、河槽冲淤、输出河段等。由于该河段引水引沙主要集中在支流,而放淤固堤当前还没有相关规划,因此引水引沙、放淤固堤两个配置单元的配置能力在该河段取0。

关于潼关(包括华县、洑头两个支流水文站水沙)—利津河段,由于潼关以下支流入汇沙量非常小,三门峡水库、小浪底水库可以控制该配置河段几乎所有的泥沙。引水引沙、固堤用沙、滩区放淤都处于小浪底水库以下。可见,该河段的划分也是合理的。

河口地区无水利枢纽工程,引水引沙量也较小,固堤用沙暂不考虑,本配置河段主要考虑淤滩(在本配置单元包括滨海造陆和滩地淤积)、河槽冲淤、输出河段(主要是泥沙输入深海区)。

黄河干流泥沙配置河段划分见图7-1。

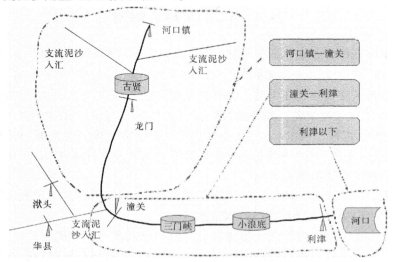

图7-1　黄河干流泥沙配置河段划分

7.2　配置水沙条件

根据黄河干流水沙分布现状表,选取1960年7月至1973年6月(水沙较丰)、1973年7月至1986年6月(中等水沙年)、1986年7月至1999年6月(水沙较枯)三个时段的年均值作为不同水沙条件分析黄河干流泥沙配置方案。

7.3　配置方案

通过多年的研究,人们已经认识到黄河泥沙治理的复杂性和长期性,必须采取多种途径处理和利用黄河泥沙。综合前人的研究成果和作者对黄河泥沙配置的认识,确定黄河干流泥沙配置的总体思路是:充分利用水流输沙能力输沙入海,多途径处理致灾性泥沙(包括发掘泥沙资源化利用途径,使其变害为利)。具体配置计算过程见图7-2。

7.3.1　现状工程条件下配置方案

黄河下游主槽是排洪输沙的主要通道,其过流能力大小直接影响到黄河下游的防洪安全。平滩流量是反映河道排洪能力的重要指标,平滩流量越小,主槽过流能力以及对河

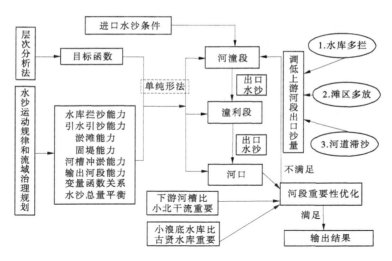

图 7-2　黄河干流泥沙空间优化配置计算流程图

势的约束能力越低,防洪难度越大。黄河水利委员会根据高效输沙、防洪、滩区居民生活等对主槽过流能力要求以及未来水沙条件下可能维持的主槽断面大小综合确定了"黄河下游主槽平滩流量 4 000 m^3/s 左右作为现阶段黄河下游主槽过流能力恢复目标"。根据黄河水利科学研究院研究,从 1999 年小浪底水库运用以来,黄河下游河道经过 7 年冲刷,主要水文断面平滩流量增加了 900 ~ 2 500 m^3/s(见表 7-1)。由上述分析可知,黄河下游主槽的冲刷目标基本得到实现,下一阶段主要是维持河槽冲淤平衡。现状工程条件下,模型计算主要考虑黄河下游河槽冲淤平衡的条件。

表 7-1　平滩流量变化情况

项目	花园口	夹河滩	高村	孙口	艾山	洛口	利津
1999 年汛后(m^3/s)	3 500	3 400	2 700	2 800	3 000	2 800	3 200
2007 年汛前(m^3/s)	6 000	5 800	4 700	3 700	3 900	4 100	4 100
增加值(m^3/s)	2 500	2 400	2 000	900	900	1 300	900

在小浪底水库设计阶段,许多单位对小浪底水库运用后黄河下游河道的演变规律进行了研究,其中一个重要的结论就是通过小浪底调度(不考虑滩区放淤等),可以实现黄河下游河道不淤的年限为 20 ~ 36 年。

表 7-2 为不同水沙条件下黄河干流泥沙优化配置方案,从表 7-2 中可以看出,通过黄河干流泥沙优化配置,黄河下游主槽冲刷达到治理目标并维持的运用年限(当前水库剩余拦沙库容除以水库年均拦沙量 + 已经运用了 9 年)分别为 28 年、45 年和 42 年。从计算结果可以看出,通过滩区大力推进放淤等措施,对于小浪底水库长期使用以及黄河下游河道更长时间不淤积是非常有利的;如果放淤等措施没有实施,黄河下游主槽冲刷达到治理目标并维持的运用年限(当前水库剩余拦沙库容除以水库年均拦沙量与滩区放淤量之和 + 已经运用了 9 年)分别为 20 年、25 年和 27 年,与前人研究成果接近,考虑到水沙条件选取的不同,模型计算结果是比较可信的。从上述分析可知,在水沙条件不利的条件

下,小浪底水库拦沙库容将在20年左右(到2019年)淤满,黄河下游又将面临泥沙淤积严重的威胁,因此在此之前修建古贤水库,一方面,可以延缓小浪底水库淤积;另一方面,可以通过水库联合调度,达到流域水沙优化配置的目的。

表7-2　不同水沙条件下黄河干流泥沙优化配置方案

配置单元	水库拦沙	引水引沙	淤滩	固堤用沙	河槽冲淤	输出河段	$F(X)$
方案1　1960~1973年时段年均值水沙条件							
河潼段	0	0	1.778	0	0	9.456	3.78
潼利段	3.328	0.512	2.657	0.327	0	6.466	3.243
河口	0	0	4.28	0	0	2.190	1.52
方案2　1973~1986年时段年均值水沙条件							
河潼段	0	0	0.040	0	0	6.623	2.539
潼利段	1.781	0.512	2.17	0.327	0	6.060	2.911
河口	0	0	3.87	0	0	2.190	1.455
方案3　1986~1999年时段年均值水沙条件							
河潼段	0	0	0.625	0	0	4.695	1.895
潼利段	1.96	0.512	1.625	0.327	0	3.706	1.936
河口	0	0	1.516	0	0	2.19	1.079

表7-2还反映了如下几方面问题:

(1)丰水大沙年份,水库拦沙量大。其中水沙较丰系列(方案1)年均进入黄河干流的泥沙总量为16.34亿t,水库需拦沙3.328亿t;中等水沙系列(方案2)年均进入黄河干流的泥沙总量为10.89亿t,水库需拦沙1.781亿t;水沙较枯系列(方案3)年均进入黄河干流的泥沙总量为8.76亿t,水库需拦沙1.96亿t。可见,丰水大沙,水库必须拦蓄3亿t左右泥沙,才能维持下游河槽不淤积;对于水沙较枯的条件,虽然来沙量是三个水沙系列中最少的,但由于水量也小,水流输沙能力较弱,为维持下游河槽不淤积,需要水库拦沙的量大于中等水沙年份。

(2)丰水大沙年份放淤能力较大。在放淤量可以达到较大的年份应该充分利用水沙条件放淤,以实现水库少淤,否则水库拦沙量增大,水库库容损失加快。

(3)不同水沙条件下,通过优化配置,引水引沙能力约束均达到最大值,可见在保持水库和下游减淤的条件下,黄河下游引水是可以充分保障的。

(4)在不同水沙条件下,河口滩区和滨海区泥沙淤积量为1.516亿~4.28亿t,可见,在土地资源日益宝贵的条件下,输出河口的泥沙量对于河口地区造陆以及维持河口不退蚀是能够实现的。

7.3.2　古贤水库投入运用后中等水沙年份配置方案

为讨论古贤水库运用后黄河干流泥沙配置模式,设计三种配置思路进行了方案计算,结果见表7-3。

如果古贤水库在2020年左右投入运用,由于水库综合运用的要求,一般初期拦沙量较大,以达到淤积抬高水位兴利的目的。假设水库前期运用中对泥沙的调度方式采用方案4:非汛期拦沙、汛期洪水期排沙且保持下游河道汛期冲淤是平衡的,这样一方面满足水库淤积抬高水位的要求;另一方面,从泥沙配置的思路看,有利于汛期利用水流输沙出河段,使输出河段能力约束达到极大值。林秀芝等分析认为:1974 年以来,潼关高程与小北干流累计淤积量具有良好的正相关关系,相关系数达到 0.90 以上。方案 4 在古贤水库运用前期,小北干流河道的年均冲刷为 2.165 亿 t,可见对降低潼关高程是有利的。对比方案 4 和方案 1 可以发现,由于古贤水库运用,水库下游河段滩区放淤能力得到加强,这对泥沙配置是有利的。

表 7-3 古贤水库投入运用后黄河干流泥沙优化配置方案

配置单元	水库拦沙	引水引沙	淤滩	固堤用沙	河槽冲淤	输出河段	$F(X)$
方案 5 小北干流冲刷							
河潼段	3.878	0	4.044	0	− 2.165	5.473	2.894
潼利段	1.16	0.512	2.115	0.327	0	6.466	3.243
河口	0	0	4.276	0	0	2.190	1.52
方案 6 小北干流不冲刷							
河潼段	1.713	0	4.044	0	0	5.473	2.848
潼利段	1.16	0.512	2.115	0.327	0	6.466	3.243
河口	0	0	4.276	0	0	2.190	1.52
方案 7 小北干流不冲刷并维持小浪底兴利库容							
河潼段	2.873	0	4.044	0	0	4.313	2.479
潼利段	0	0.512	2.115	0.327	0	6.466	2.944
河口	0	0	4.276	0	0	2.190	1.52

在水库拦沙达到一定程度后,水库排沙比例增大,保持水库下游河道冲淤平衡(方案 5)。对比方案 4 和方案 5 可以发现,水库拦沙量减小,进入潼关以下河段的泥沙量两个方案一样,可见,冲刷小北干流河槽(降低潼关高程)方案相对于维持小北干流河槽冲淤平衡方案,潼关以下河段泥沙配置的压力没有变化,但是古贤水库库容损失较快。基于这一认识,本书认为:合理确定小北干流河段的冲淤量,对于减小古贤水库淤积、维持黄河干流水沙调控能力是很重要的研究课题。

方案 6 是以减少小浪底水库淤积为目标的配置方案。对比方案 5 和方案 6,干流配置目标函数是降低的。从泥沙配置的角度分析,泥沙配置在下游水库比配置在上游水库有利,因为在水库联合调度的过程中,上游水库补水可以优化下游水库的水沙,实现下游水库冲刷减淤;而上游水库淤积后,只有靠利用进库水沙条件和降低水位运用减少淤积。可见,对模型目标函数计算值而言,方案 5 优于方案 6。

黄河干流的实际情况是黄河下游防洪重要性远远大于上中游,小浪底水库又是黄河下游防洪兴利的关键性控制工程。由于小浪底水库的特殊地位,以减小河口镇—潼关河段目标函数值为代价,减少小浪底拦沙量,增加古贤水库拦沙量,是有利于黄河干流泥沙配置总体优化的。

7.4　小　结

结合黄河干流水沙调控体系工程布置和泥沙分布特点,对黄河干流泥沙配置河段进行了划分。计算了现状工程下,丰、平、枯三种水沙条件下黄河干流泥沙优化配置方案。分析了古贤水库投入运用后,相同水沙条件下黄河干流三种泥沙配置方案。主要研究成果和分析结论如下:

(1)结合黄河干流水沙调控体系工程布置和泥沙分布特点,制订了黄河干流泥沙配置河段划分方案:河口镇—潼关(不包括华县、洑头两个支流水文站水沙)河段,区间配置单元主要有古贤水库拦沙、小北干流滩区放淤、河槽冲淤、输出河段等;潼关(包括华县、洑头两个支流水文站水沙)—利津河段,区间配置单元主要包括三门峡、小浪底水库拦沙、引水引沙、固堤用沙、滩区放淤、输出河段等;利津以下河口地区,区间配置单元主要包括淤滩(滨海造陆和滩地淤积)、河槽冲淤、输出河段(主要是泥沙输入深海区)等。

(2)研究确定了黄河干流泥沙配置的总体方向是:充分利用水流输沙能力输沙入海,多途径处理致灾性泥沙(包括发掘泥沙资源化利用途径使其变害为利)。流域泥沙优化配置的具体思路是:输出河段、固堤用沙、引水引沙、滩地淤沙、水库拦沙、河槽冲淤。上下游河段优化的原则是:河槽过流能力的维持下游比小北干流重要,水库库容的维持小浪底水库比古贤水库重要。

(3)计算分析了现状工程下,丰、平、枯三种水沙条件下黄河干流泥沙优化配置方案,结果表明:丰水大沙年份,水库拦沙量大,水库必须拦蓄3亿t左右泥沙,才能维持下游河槽不淤积;对于水沙较枯的条件,虽然来沙量是三个水沙系列中最小的,但由于水量也小,水流输沙能力较弱,为维持下游河槽不淤积,需要水库拦沙的量大于中等水沙年份。同时,丰水大沙年放淤能力较大,在放淤量可以达到较大的年份应该充分利用水沙条件放淤,以实现水库少淤,否则水库拦沙量增大,水库库容损失加快。

(4)现状工程下,通过优化配置,对于不同来水来沙情况,引水引沙能力约束均达到最大值,可见在保持水库和下游减淤的条件下,黄河下游引水是可以充分保障的;河口滩区和滨海区泥沙淤积量为1.516亿~4.28亿t,可见,在土地资源日益宝贵的条件下,输出河口的泥沙量对于河口地区造陆以及维持河口不退蚀是能够实现的。

(5)通过对比分析现状工程下黄河干流泥沙优化配置方案发现:通过滩区大力推进放淤等措施,黄河下游主槽冲刷达到治理目标并维持的运用年限分别为28年、45年和42年;如果放淤等措施没有实施,黄河下游主槽冲刷达到治理目标并维持的运用年限分别为20年、25年和27年。可见,在水沙条件不利的条件下,小浪底水库拦沙库容将在20年左右(到2019年)淤满,黄河下游又将面临泥沙淤积严重的威胁。因此,建议古贤水库在此之前修建并投入运用,一方面可以延缓小浪底水库淤积,另一方面可以通过水库联合调度达到流域水沙优化配置的目的。

(6)通过计算探讨古贤水库运用后,相同水沙条件下小北干流河段冲刷和冲淤平衡两种方案发现:两种方案潼关以下河段泥沙配置的压力没有变化,但是古贤水库库容损失较快。基于这一认识,本章指出"合理确定小北干流河段的冲淤量,对于减小古贤水库淤积、维持黄河干流水沙调控能力是很重要的研究课题"。

(7)设计了以减少小浪底水库淤积为目标的方案,对黄河干流泥沙进行了配置计算和论证,结果认为:在维持小浪底水库少淤的条件下,古贤水库拦沙量增加,模型目标函数计算值减小;但考虑到小浪底水库在黄河干流防洪、水资源利用、水沙调控中的特殊地位,以减小河口镇—潼关河段目标函数值为代价,增加古贤水库拦沙量,实现小浪底减淤,是有利于黄河干流泥沙配置总体优化的。

参 考 文 献

[1] 赵业安,周文浩,费祥俊,等.黄河下游河道演变基本规律[M].郑州:黄河水利出版社,1998.

[2] 钱宁,王可钦,阎林德,等.黄河中游粗泥沙来源区对黄河下游冲淤的影响[C]//第一次河流泥沙国际学术讨论会论文集.北京:光华出版社,1980.

[3] 姚文艺,王卫东.黄河泥沙来源研究评述[J].人民黄河,1997(6):14-17.

[4] 徐建华,吕光圻.黄河粗泥沙定界论证[J].人民黄河,1999(12):6-8.

[5] 李国英.基于空间尺度的黄河调水调沙[J].人民黄河,2004(2):1-4.

[6] 庞家珍.对黄河下游治理方略的几点思考[J].人民黄河,2005(1):3-4.

[7] 张秀勇,王春迎,丰土根,等.关于黄河治理策略的探讨[J].人民黄河,2005(1):5-6.

[8] 张金升,李希宁,李长海.利用黄河泥沙制作备防石的研究[J].人民黄河,2005(3):14-16.

[9] 刘晓燕,张建中,常晓辉,等.维持黄河健康生命的关键途径分析[J].人民黄河,2005(9):6-7.

[10] 张仁.对黄河水沙调控体系建设的几点看法[J].人民黄河,2005(9):3-4.

[11] 杜云岭,孙喜娥,刘云虎,等.对黄河下游河道治理若干问题的思考[J].人民黄河,2006,28(10):11-12.

[12] 水利部黄河水利委员会.维持黄河健康生命的研究与实践[R].2007.

[13] 尚红霞,孙赞盈,李小平,等.小浪底水库运用以来黄河下游河道冲淤效果分析[R].2007.

[14] 王士强.小浪底水库调水调沙减少黄河下游河道淤积的研究[J].人民黄河,1996(7):10-14.

[15] 郭庆超,胡春宏,曹文洪.黄河中下游大型水库对下游河道的减淤作用[J].水利学报,2005,36(5):511-518.

[16] 齐璞,李世滢,刘月兰,等.黄河水沙变化与下游河道减淤措施[M].郑州:黄河水利出版社,1997.

[17] 黄河水利委员会勘测规划设计研究院.小浪底运用方式研究专题报告之三[R].1999.

[18] 林秀芝,杨武学,田勇,等.河道冲淤及河势演变对潼关高程的影响[R].2004.

[19] 龚时旸.对当前几项治黄工作的建议[J].人民黄河,1995(7):53-55.

[20] 石春先.小浪底水利枢纽防洪效益分析[J].人民黄河,1995(10):13-16.

[21] 张启舜.小浪底工程与黄河下游的防洪问题[J].人民黄河,1996(1):48-50.

[22] 张光斗.对黄河治理若干问题的认识[J].人民黄河,1996(2):55.

[23] 赵文林,等.黄河泥沙[M].郑州:黄河水利出版社,1996.

第8章 主要成果

（1）全面调查清楚黄河干支流水库分布及主要特征指标情况。

截至 2013 年，黄河干流共建成水库 26 座，总库容为 603.05 亿 m³，死库容为 135.46 亿 m³。其中，大型水库 13 座，库容 598.59 亿 m³（占总库容的 99%），死库容 133.16 亿 m³；中型水库 13 座，总库容为 4.46 亿 m³，死库容 2.30 亿 m³。干流水库大部分建于上游区间（共 20 座），中游水库分布较少（共 6 座），下游没有水库。

黄河支流共建成水库 1 246 座，总库容 97.725 亿 m³，死库容 21.143 9 亿 m³。其中，渭河流域水库 619 座，总库容 37.189 2 亿 m³；河龙区间支流水库 203 座，总库容 25.732 6 亿 m³；汾河流域水库 138 座，总库容 17.282 8 亿 m³；上游主要支流水库 286 座，总库容 17.519 9 亿 m³。支流水库多建于 20 世纪 50 年代末至 70 年代末和 90 年代以后，建成水库大部分位于水土流失轻微的泾渭洛河下游和上游支流下游、河口镇到龙门区间风沙区、六盘山两侧、汾河流域东部山区、湟水中上游和清水河流域。

（2）基本查明黄河干支流水库不同时期拦沙情况。

2007~2013 年，干流水库年均拦蓄泥沙约 2.585 亿 t。其中，龙羊峡水库年均淤积量为 0.20 亿 t，刘家峡水库该时期基本冲淤平衡，万家寨水库年均淤积量为 0.278 亿 t，三门峡水库潼关以下库区年均淤积量为 −0.024 亿 t，处于微冲状态，小浪底水库年均淤积量为 1.911 亿 t。

2007~2013 年，支流水库年均拦蓄泥沙约 0.715 亿 t。其中，上游支流水库拦沙 0.125 亿 t，河龙区间支流水库拦沙 0.281 亿 t，渭河水库拦沙 0.270 亿 t，汾河水库拦沙 0.039 亿 t。截至 2013 年，黄河支流水库累计拦沙量为 36.233 亿 m³，其中渭河流域占 38.1%，河龙区间占 26.3%，汾河流域占 17.7%，上游支流占 17.9%（不含苦水河和洮河）。研究区水库库容淤损率为 37.1%，其中河龙区间支流水库库容淤损率最高，为 50.1%；其次为渭河流域的 36.0%、汾河流域的 31.1%；上游支流水库库容淤损率最低（不含苦水河和洮河），为 26.3%。

（3）系统分析了 1950 年 7 月至 2013 年 6 月不同时期黄河干流泥沙分布特点。

1950 年 7 月至 1960 年 6 月，进入干流年均水量为 563 亿 m³，沙量为 20.07 亿 t，属中水丰沙时期。上游宁蒙河段年均淤积量为 0.98 亿 t，主槽平滩流量在 3 370 m³/s 以上，河道过流能力相对较大；中游龙潼河段年均淤积量为 0.66 亿 t，潼关高程 323.4 m；下游主槽年均淤积量为 0.81 亿 t，滩地淤积量为 2.77 亿 t，主槽平滩流量在 5 700 m³/s 以上，河道过流能力相对较大，基本没有"二级悬河"现象；输出利津以下沙量占进入黄河干流沙量的 65%。可见，时段内输出利津以下沙量百分比较大，上游和下游泥沙淤积量虽然较大，但泥沙淤积滩槽分布合理，主槽平滩流量维持在较高水平，从泥沙配置角度看是基本合理的；由于该时期水量较大，且干流没有大型水库对洪水进行调节，黄河下游洪水灾害十分严重。

1960 年 7 月至 1965 年 6 月进入干流年均水量为 710 亿 m³,沙量为 16.93 亿 t,属丰水中沙时期。上游宁蒙河段年均冲刷量为 -0.27 亿 t,主槽平滩流量在 3 550 m³/s 以上,河道过流能力相对上一时段小幅增加;中游龙潼河段年均淤积量为 1.56 亿 t,潼关高程为 327.95 m,比上一时段上升了 4.55 m,三门峡水库年均拦沙 8.61 亿 t;下游主槽年均冲刷量为 4.33 亿 t,滩地淤积量为 0,主槽平滩流量在 7 500 m³/s 以上,比上一时段增大了约 1 800 m³/s,没有"二级悬河"现象;输出利津以下沙量占进入黄河干流沙量的 59%。可见,时段内输出利津以下沙量百分比比天然情况下降低了 6% 左右;由于上游水库的陆续修建,特别是青铜峡等水库的拦沙作用较大,宁蒙河道处于小幅冲刷状态;中游随着三门峡水库的蓄水拦沙运用,潼关以下库区年均拦沙量大,龙潼河段年均淤积量也较大,潼关高程大幅抬升,使社会矛盾突出;下游主槽平滩流量扩大,有利于提高下游河道排洪能力。该时期下游主槽平滩流量扩大,加之三门峡水库的调节作用,下游防洪形势有了一定程度的改善,但由于三门峡水库拦沙量过大,潼关高程快速大幅抬升,引起社会矛盾突出。

1965 年 7 月至 1973 年 6 月,进入干流年均水量为 550 亿 m³,沙量为 17.88 亿 t,属中水中沙时期。上游宁蒙河段年均冲刷量为 0.96 亿 t,主槽平滩流量在 4 190 m³/s 以上,河道过流能力相对上一时段明显增大;中游龙潼河段年均淤积量为 1.93 亿 t,潼关高程为 328.13 m;下游主槽年均淤积量为 2.88 亿 t,滩地淤积量为 1.42 亿 t,主槽平滩流量在 3 900 m³/s 左右,河道过流能力比上一时段大幅降低,部分河段出现"二级悬河"的不利局面,其中油房寨断面"二级悬河"高差达 1.25 m;输出利津以下沙量占进入黄河干流沙量的 58%。可见时段内输出利津以下沙量百分比比天然情况下降低了 7% 左右;宁蒙河道继续处于小幅冲刷状态;中游龙潼河段年均淤积量较大,三门峡水库改用"蓄清排浑"运用,潼关以下库区处于小幅冲刷状态,潼关高程变化不大,该河段社会矛盾得以缓解;下游平滩流量大幅度减小,同时出现了"二级悬河"的不利局面,对黄河下游的防洪安全造成巨大威胁。

1973 年 7 月至 1986 年 6 月,进入干流年均水量为 556 亿 m³,沙量为 12.77 亿 t,属中水少沙时期。上游宁蒙河段年均冲刷量为 0.05 亿 t,主槽平滩流量在 4 480 m³/s 以上,河道过流能力相对较大;中游龙潼河段年均淤积量为 0.04 亿 t,潼关高程为 327.08 m,比上一时段下降了 1.05 m,三门峡水库潼关以下年均冲刷量为 0.05 亿 t;下游主槽年均冲刷量为 0.19 亿 t,滩地淤积量为 1.23 亿 t,主槽平滩流量在 6 300 m³/s 左右,河道过流能力比上一时段明显提高,油房寨断面"二级悬河"高差为 0.73 m,比上一时段减小了 0.52 m;输出利津以下沙量占进入黄河干流沙量的 58%。可见,该时期各重点河段以及三门峡水库泥沙淤积量均较小,潼关高程明显下降,下游主槽平滩流量比上一时段明显增大,"二级悬河"状况有所改善。

1986 年 7 月至 1999 年 6 月,进入干流年均水量为 396 亿 m³,沙量为 10.6 亿 t,属枯水少沙时期。上游宁蒙河段年均淤积量为 0.7 亿 t,主槽平滩流量大幅减小到 1 450 m³/s 左右,河道过流能力急剧降低;中游龙潼河段年均淤积量为 0.63 亿 t,潼关高程为 328.43 m,比上一时期上升了 1.35 m,三门峡水库潼关以下年均淤积量为 0.24 亿 t;下游主槽年均淤积量为 1.68 亿 t,滩地淤积量为 0.65 亿 t,主槽平滩流量减小为 2 700 m³/s 左右,河道过流能力比上一时段大大降低,油房寨断面"二级悬河"高差为 1.76 m,比上一时段增加了 1.03 m;输出利津以下沙量占进入黄河干流沙量百分比急剧减小为 39%。该时期上游年均淤积量与天然条件下差别不大,但是泥沙大部分淤积在主河槽里,平滩流量较天然条件下明显降低,中游潼关高程明显抬升,下游泥沙淤积滩槽分布不合理,主槽平滩流量比上一时段明显减小,"二级悬河"状况恶化,可见该时期各河段泥沙淤积矛盾突出。

1999 年 7 月至 2013 年 6 月,进入干流年均水量为 351 亿 m³,沙量为 3.212 亿 t。上游宁蒙河段年均淤积量为 0.172 亿 t,主槽平滩流量维持在 1 440 m³/s 左右;中游龙潼河段年均冲刷量为 0.219 亿 t,潼关高程为 327.55 m,比上一时期大幅下降,三门峡水库潼关以下年均冲刷量为 0.137 亿 t,小浪底水库年均拦沙量为 2.093 亿 t;下游主槽年均冲刷量为 1.566 亿 t,滩地淤积量为 0.064 亿 t,主槽最小平滩流量增大到 4 150 m³/s 左右,河道过流能力比上一时段有一定程度改善,油房寨断面"二级悬河"高差为 1.11 m,比上一时段减小了 0.65 m;输出利津以下沙量占进入黄河干流沙量百分比为 44%。在黄河来水来沙都较枯的不利条件下,中游潼关高程小幅下降,下游河道主槽平滩流量冲刷扩大,"二级悬河"状况有一定程度改善,这是该时期泥沙配置较为有利的一面。但是,该时期输出利津以下沙量占进入黄河干流沙量百分比较低,仅略大于 1986~1999 年,主要是泥沙更多地配置到了干流水库,小浪底水库拦沙量占进入黄河干流沙量百分比达 65%,这是值得高度重视的问题。此外,上游河段年均淤积泥沙 0.172 亿 t,主河槽维持在较低水平,也是该时期泥沙配置过程中局部矛盾较突出的地方。

(4)针对黄河干流不同时期泥沙分布特点及存在问题,提出减轻黄河干流泥沙淤积灾害的建议。

黄河干流泥沙配置不同时期表现出不同的特点,泥沙淤积对流域及相关地区人民的生活与发展产生着深刻的影响,主要表现在:上游宁蒙河道淤积导致河道过流能力降低,防洪防凌形势严峻;中游龙潼河道淤积以及潼关高程上升对支流渭河防洪产生不利影响,三门峡、小浪底水库淤积导致水库防洪兴利库容损失;下游河道淤积及分布不合理导致防洪防凌形势严峻;出口断面泥沙量占进入干流总沙量的比重不断降低,结果必然是更大比例的泥沙沉积在干流河道或水库里。

从黄河干流六个时期泥沙分布特点及综合分析可以看出,减轻黄河干流泥沙淤积灾害主要可以通过以下三个途径实现:一是有效增加输沙水量,改善黄河干流的水沙搭配,例如 1973 年 7 月至 1986 年 6 月水沙条件较好,泥沙淤积矛盾不明显,建议加快调水入黄工程建设;二是干流控制性水库合理拦沙,例如 1999 年 9 月至 2013 年 6 月小浪底水库拦沙作用改善了黄河下游河道过流条件,建议加快干流古贤、碛口等控制性拦沙水库建设;三是合理配置泥沙淤积滩槽分布,例如天然条件下(1950 年 7 月至 1960 年 6 月)黄河下游泥沙淤积量与 1965 年 7 月至 1973 年 6 月及 1986 年 7 月至 1999 年 6 月三个时期的淤积都较严重,但是天然条件下滩地淤积比例较大、河槽淤积矛盾不突出,而 1965 年 7 月至 1973 年 6 月和 1986 年 7 月至 1999 年 6 月由于滩地淤积比例小、泥沙淤积矛盾十分突出,建议通过有计划地进行漫滩洪水调度以及采取人工放淤等措施改善黄河下游滩槽泥沙淤积比例。

(5)系统提出了流域泥沙配置理论。

流域泥沙配置研究主要涉及流域产流产沙分析、流域社会经济发展及需求分析、泥沙配置效益分析、泥沙配置技术与方法分析等内容。

泥沙配置应该遵循科学性、公平合理性、可持续性、与自然和谐发展等基本原则。

泥沙配置的目标是达到有利于流域水资源高效利用、减小洪水威胁的目的,使流域居民安居乐业,减轻泥沙不合理配置引起的生态环境恶化,同时配制措施要尽可能节省人力、物力。具体到某一特定流域,其目标的论证建立在流域泥沙配置历史基础上,通过总结历史和现状条件下泥沙配置经验和教训,结合先进的流域水利管理观念和理论,确定流域泥沙配置目标。

对流域泥沙配置的机制进行了分析,认为在目前生产力条件下,黄河等大型流域,泥沙仍主要表现为灾害性,而且流域泥沙也不像普通商品那样容易直接利用和产生经济效益,泥沙作为资源利用的市场尚难建立,因此流域泥沙今后很长一段时间内主要是流域管理机构以减小泥沙灾害为目的,同时结合水沙运动规律对流域泥沙进行配置。

论证了流域泥沙配置是典型的多目标决策问题。解决该问题比较有效的手段是建立流域泥沙配置模型,从需求上看,该模型应该具有管理和规划两大功能。模型的管理功能主要表现为一定时期范围内,流域不同的水沙条件下,泥沙如何配置;模型的规划功能要求实现长系列水沙条件下,流域内水沙配置工程修建的时间以及运用的模式。

(6)研究了黄河干流泥沙配置的目标函数和约束条件,建立了数学模型。

通过层次分析法确定了黄河干流泥沙配置的目标、指示指标、配置途径等,构建了黄河干流泥沙空间优化配置层次分析表。

根据层次分析法,对黄河干流泥沙空间优化配置层次分析表进行逐层次分析,构造判断矩阵,并判断矩阵的一致性,矩阵构造满足条件后计算其最大特征值对应的归一化特征向量,以此作为各层权重系数,最后通过递推关系确定了目标函数的数学表达式:

$$Z = 0.073\ 7(W_S)_1 + 0.155\ 8(W_S)_2 + 0.147\ 7(W_S)_3 +$$
$$0.216\ 8(W_S)_4 + 0.051\ 5(W_S)_5 + 0.354\ 5(W_S)_6$$

通过黄河干流水沙运动特点研究确定了水流输沙出河段、固堤用沙、引水引沙、滩地淤沙、水库拦沙、河槽冲淤等能力的约束以及各配置单元泥沙配置变量间的响应关系约束。

采用线性规划单纯形法对模型进行了求解,利用 VB 语言编制成标准计算模块。

(7)探讨了典型水沙条件下黄河干流泥沙空间优化配置方案。

结合黄河干流水沙调控体系工程布置和泥沙分布特点,制订了黄河干流泥沙配置河段划分方案:河口镇—潼关(不包括华县、洑头两个支流水文站水沙)河段,区间配置单元主要有古贤水库拦沙、小北干流滩区放淤、河槽冲淤、输出河段等;潼关(包括华县、洑头两个支流水文站水沙)—利津河段,区间配置单元主要有三门峡、小浪底水库拦沙、引水引沙、固堤用沙、滩区放淤、输出河段等;利津以下河口地区,区间配置单元主要考虑淤滩(滨海造陆和滩地淤积)、河槽冲淤、输出河段(主要是泥沙输入深海区)等。

研究确定了黄河干流泥沙配置的总体方向是:充分利用水流输沙能力输沙入海,多途径处理致灾性泥沙(包括发掘泥沙资源化利用途径使其变害为利)。流域泥沙优化配置的具体思路是输出河段、固堤用沙、引水引沙、滩地淤沙、水库拦沙、河槽冲淤。上下游河段优化的原则是:河槽过流能力的维持下游比小北干流重要,水库库容的维持小浪底水库比古贤水库重要。

计算分析了现状工程下,丰、平、枯三种水沙条件黄河干流泥沙优化配置方案,结果表明:丰水大沙年份,水库拦沙量大,水库必须拦蓄 3 亿 t 左右泥沙,才能维持下游河槽不淤积;对于水沙较枯的条件,虽然来沙量是三个水沙系列中最少的,但由于水量也小,水流输沙能力较弱,为维持下游河槽不淤积,需要水库拦沙的量大于中等水沙年份。同时,丰水大沙年放淤能力较大,在放淤量可以达到较大的年份应该充分利用水沙条件放淤,以实现水库少淤;否则,水库拦沙量增大,水库库容损失加快。

现状工程下,通过优化配置,对于不同来水来沙情况,引水引沙能力约束均达到最大值,可见在保持水库和下游减淤的条件下,黄河下游引水是可以充分保障的;河口滩区和滨海区泥沙淤积量为 1.516 亿 ~ 4.28 亿 t,可见,在土地资源日益宝贵的条件下,输出河口的泥沙量对于河口地区造陆以及维持河口不退蚀是能够实现的。

通过对比分析现状工程下黄河干流泥沙优化配置方案发现:通过滩区大力推进放淤等措施,黄河下游主槽冲刷达到治理目标并维持的运用年限分别为 28 年、45 年和 42 年;如果放淤等措施没有实施,黄河下游主槽冲刷达到治理目标并维持的运用年限分别为 20 年、25 年和 27 年。可见,在水沙条件不利的条件下,小浪底水库拦沙库容将在 20 年左右(到 2019 年)淤满,黄河下游又将面临泥沙淤积严重的威胁。因此,建议古贤水库在此之前修建并投入运用,一方面,可以延缓小浪底淤积,另一方面,可以通过水库联合调度,达到流域水沙优化配置的目的。

通过计算探讨古贤水库运用后,相同水沙条件下小北干流河段冲刷和冲淤平衡两种方案发现:两种方案潼关以下河段泥沙配置的压力没有变化,但是古贤水库库容损失较快。基于这一认识,书中指出"合理确定小北干流河段的冲淤量,对于减小古贤水库淤积,维持黄河干流水沙调控能力是很重要的研究课题"。

设计了以减少小浪底水库淤积为目标的方案,对黄河干流泥沙进行了配置计算和论证,结果认为:在维持小浪底水库少淤的条件下,古贤水库拦沙量增加,模型目标函数计算值减小;但考虑到小浪底水库在黄河干流防洪、水资源利用、水沙调控中的特殊地位,以减小河口镇—潼关河段目标函数值为代价,增加古贤水库拦沙量,实现小浪底减淤,是有利于黄河干流泥沙配置总体优化的。